美味岁时记
おいしい歳時記

自古以来，日本家庭承袭古老的风俗，把家庭料理，把平常日子，做成了一部

楚尘
文化
Chu Chen

北京楚尘文化传媒有限公司 出品

美味岁时记

[日]广田千悦子 文字
[日]濑户口诗织 料理
罗嘉 译

中信出版集团 · CHINACITICPRESS · 北京

赏樱观月探红叶，成为一种仪式，以示对大自然的爱。
儿童节、女儿节，七夕牛女星，
盂兰盆节、彼岸节[1]等，远古遗留下来的风俗，
还有那一年四季交替变换的二十四节气。

日本有着各式各样的风俗和节日，
知其由来，会让你重温一种亲切。
而在本书里，更多的是，
自古沿传下来的料理和点心，
如知由来，岁时记会让你更有种贴近感。

本书记录了让你居家可以赏阅的岁时记，
以及随四季时令可以享用的和式菜肴的制作方法，
顺便把趣闻和掌故一起介绍给大家。
时代在变迁，
风俗和节气的意识愈加淡薄的现今，
难道不正是应该重温自古以来的和式岁时记之时么?
忙碌的日子里，
让我们消消停停醇享那祥和的一刻吧。

目 录

四月【卯月[2]】

五月【皋月】

六月【水无月】

七月【文月】

八月【叶月】

九月【长月】

十月【神无月】

十一月【霜月】

十二月【师走】

一月【睦月】

二月【如月】

三月【弥生】

- 本文中的大勺是 15ml，小勺 5ml，一杯是 200ml。1cc 为 1ml。
- 材料所记【盐】为粗盐，【糖】为绵白糖。如使用上等白糖，甜味更重，可酌减。
- 使用单面烤鱼架，宜适时上下翻转。
- 油炸食品的油温，可用料理温度计，也可用干的长筷抵于锅底，进行目测。160~165℃——长筷稍放入后，筷头上会慢慢冒出稀疏的泡来。170℃——长筷头上马上会有细泡涌出。
- 用微波炉加热，以功率 600W 为宜。如使用 500W 的，加热时间为 1.2 倍，700W 为 0.8 倍。依据机型的不同，时间作相应调整。

四月

【卯月】

鸟儿开始鸣啭，季节里能切实感受到春天的阳光。草木生芽，花色斑斓,争相绽放。古时，樱花可指示农耕的开始，随着时代变迁，樱花已成为国人眼中赏心悦目的景色。由樱花联想到入学、就职等新生活的开始。在庆贺繁密的月份中，富有仪式性的食物也愈见缤纷多样。

四月

【卯月】

卯月由地支第四位「卯」而来。而被称为卯花的溲疏，花期适逢此时，因而此月又唤为「卯花月」，简称「卯月」。

1日

2日

3日

4日 清明

二十四节气之一。万物皆清洁而明净，故谓之清明。

5日

6日

7日

8日 浴佛节（花祭り）

释迦牟尼诞生日。一般在释迦牟尼像前，倒上一碗像给新生儿洗过澡的水一样的土常山叶泡的茶（药茶的一种），以示庆祝。由原本摘花供佛的习俗演变而来，并因而得名。

9日

10日

11日

12日

13日 十三祭

当年十三岁的男女，进寺参拜之节。尤以关西为盛，特别是在京都沿袭至今。

14日

15日

16日

17日

18日

19日

20日 谷雨

二十四节气之一。春雨润大地，雨生百谷的时期。

21日

22日

23日

24日

25日

26日

27日

28日

29日 天皇诞辰日

30日

17日～5月4日 春天的土用（参见 P.45）

月份的别名

花残月

山间尚有樱花残存之月。

初夏月

初夏之月。

清和月

天空晴朗，清和平静之月。

仪式

赏樱、学校入学式、幼儿园入园、公司入社、浴佛节、十三祭

风物、天气用语

昙月、花间明、花云、春风、春雨、催花雨、海市蜃楼

花

樱花、石楠花、紫罗兰、郁金香、花见月、辛夷花（望春花）、紫玉兰、连翘、黄瑞香

季节的问候

春风拂面，温暖舒适的季节随之而来，
日渐变长，春意融融，
春意渐浓，
阳春季节，樱花绽放，进入仲春之际。

为儿童长大祈福（出生~1岁）

◉ 7日庆

出生后第7日的庆贺。此时要选定孩子的名字，并告亲朋好友，因此也叫“命名式”。

◉ 参拜神社

生后32天~百日，根据地域不同，参拜日会有不同。这一天是孩子头一次出门，到附近神社参拜。这是为让土地公公了解一个新生命诞生而奉行的仪式。

◉ 百日饭

生后100~120天的祝贺。为了让孩子一生不愁吃喝，这席饭菜，一般备有红豆饭、有头有尾的烤鱼（参考P.14）以及淡酱汤等，把食物送到孩子嘴旁，作喂食状。

◉ 初生

出生后第一年的庆祝。1升米做的年糕让孩子背上，以祈孩子健康成长。一升，是“一生”的谐音，意在预祝一生不愁吃喝。沉重的年糕，孩子不胜负荷，啼哭不止，哭声越大，喻示越健康。

【樱　花】

樱花是使日本人切实感到春天到来的代表性花卉。古时候，樱花绽放，意味着农神从山上降临，可以开始进行农作物种植了。奈良时代，代表花卉是梅花，而进入平安时代，人气齐聚共赏樱花。故此，当时的和歌以颂赞樱花为多。四月来临，不必远行，邻村近郭，所到之处，皆有樱花。

【入学、入社、对儿童的祝福】

四月是崭新开始的一个月。幼儿园入园，学生入学，毕业生就职，人生舞台就此展开。随之而来的祝福中，不可或缺的是红豆饭。淡淡的浅红色米饭，给祝福席上添加一丝华彩。每逢此时，邻人会带着自己做的红豆饭来庆贺，真可谓地道的日本式牵记。

红豆饭

淡淡飘香的豇豆，口感劲道的米粒，也能成就一道独特之味。烧时，添些糖，饭即便凉了，口感的美味也会延续。

材料（相对适量）

糯米 ……… 2 碗（360ml）
粳米 ……… 1 碗（180ml）
豇豆 ……… 50~60g
黑芝麻 ……… 适量
糖、盐 ……… 少许

做法

1 粳米淘好，在水里泡 30 分钟，置于筛子上（糯米不用淘）。
2 豇豆过水洗后晾干，放入锅中，加足水，中火烧开。即将开锅时，用水冲洗。把豇豆的水分控干后，再次倒入锅中，加 3 杯水，中火烧开。沸腾后，转为小火，再煮 20~30 分钟。
3 取一粒豇豆，用手捏，感到可以捏碎的软度，把豇豆和煮出的汤分开。豇豆用拧干的湿布盖上。用汤勺反复搅拌汤汁，直至晾凉（盆底放冰水制凉也可以）。
4 糯米淘过后放入筛中控水，和 1 项的粳米一起放入电饭锅。加入 3 项的汤汁 450ml，以及一大勺糖，混合搅拌。汤汁不够，加水也可。豇豆均匀地铺好，按正常的流程煮饭即可。
5 饭煮好后，从锅底搅开拌好，盛入器皿。上面撒少许芝麻和盐。

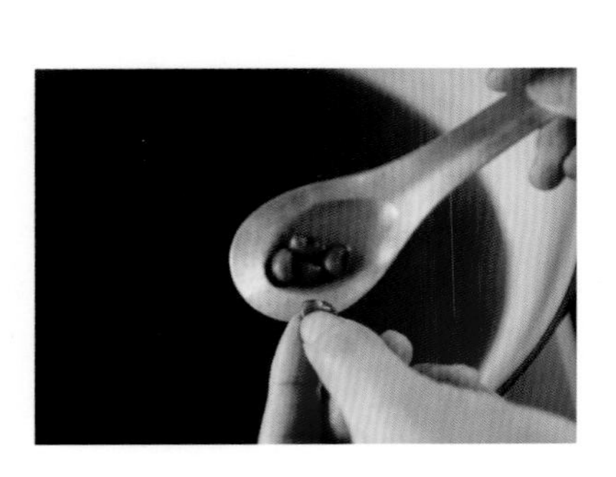

◉ 总热量为 1858kcal，盐分 3.6g

豇豆

类似红豆的一种红色小小的豆。用豆汁煮饭，红得更有韵味。与赤豆相比，皮相对不易破，为示贺庆，多用此豆。除干豆外，市面上还有罐装水煮豆。

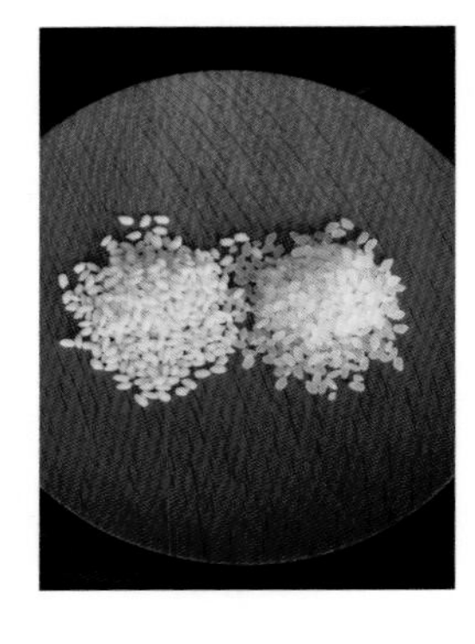

糯米和粳米

日本以粳米（图片右侧）为主食，而糯米（图片左侧）种类繁多，黏性也相对较强。蒸后除可做年糕，亦可取其富有弹性的口感，做成糯米小豆饭。

红豆饭的起源

据说古时，把红米（古时一种红色的米）煮熟，供奉神灵，是红豆饭的起源。而当白米成了主流后，里面加入红豆，米饭就会自然变红。进入武士社会后，因红豆煮熟后，皮子会裂开，容易让人联想起切腹，感觉不吉利；同样是红色的豆子，豇豆皮子坚固不易破，于是就取而代之，开始起用豇豆。

加吉鱼饭

材料（4 人份）
小加吉鱼或普通加吉鱼……1 条
（长 25cm，清理好内脏）
米……2 碗（360ml）
海带高汤（参照 P.100）……360ml
淡酱油……一大勺
盐腌樱花……20g
山椒嫩芽……适量
料酒　盐

春的食材配角

树木的新芽，指山椒嫩芽，清香飘溢。使用前，放在手上拍打两下，清新的气味更四处飘散。腌过的樱花别有风情，又不失为一种点缀。无论哪一种都饱含春意，配色上更别具一番情调。

这品祝福饭，掀开盖子的一刻，无疑会迎来满堂彩。点缀以樱花或是山椒嫩芽，就像你在店里吃到的一样。

①

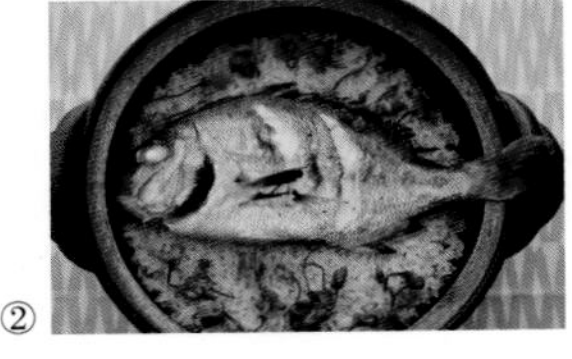

②

有头有尾整条鱼，用于喜庆的由来

“头儿”也作“头尾”。也许你曾听过，却未必知道汉字怎么写。以前，每逢吉庆，头尾完整的加吉鱼必不可少，那是因为看重它没切分过的完整形状。有始有终，认真行事之意，更蕴于其中。

做法

1　米淘好后，放筛子上沥 30 分钟。把米、海带高汤、一大勺料酒以及淡酱油，放砂锅里拌和，搁置一会。

2　加吉鱼，用料酒和盐腌 10 分钟，擦干水。每面各横划两刀，稍撒些盐，放在烤鱼网（双面）上，中火烤 8 分钟。

3　把加吉鱼放进砂锅（图①），盖上盖，开大火。锅开后，小火烧 12 分钟。盐腌樱花过水，漂去盐分，用水冲泡 3 分钟。放进笊篱，轻轻挤干水分。

4　烧好的饭上撒入樱花（图②），盖上盖，焖 10 分钟。取出加吉鱼，剔除鱼骨，将鱼肉与饭拌和。盛入饭碗，点缀以山椒嫩芽。

◉ 1 人份 359kcal，盐分 1.6g

赏樱便当

主食　口感甚佳的四色饭团
主菜　鲅鱼西京烧
主菜　根菜鸡肉串
副菜　豆荚芝麻碎
副菜　鸡蛋卷

樱花盛开之际，何不带上用当季食材做成的娇鲜便当，醇享一刻？因要在户外食用，大小要便于入口，更见贴心。

赏樱的起始?

赏花的起源，传闻异辞。一说奈良时代，受中国影响而起。赏花之时，不仅宫中大摆华筵，还要走进山野，可以驱邪祛灾，随着朝代的更替，逐渐定型为现今模式。现在赏樱，看的多是淡色的染井吉野樱，而以前看的是野生山樱。野生山樱不仅花色更浓，叶子也是一大看点。

◇ 主食 ◇

口感甚佳的四色饭团

不但可享四种口味，
看上去也很有喜色。
大米里掺糯米，
饭即使凉了，也很好吃。

材料（16 个的量）
米 ……2 碗（360ml）
糯米 ……1 碗（180ml）
豌豆（去豆荚）……30g
烧鳗鱼 ……1/4 条（长 6cm）
腌高菜（4 张，叶子切成 15cm 见方）……4 枚
腌过的樱花 ……20g
盐　酒

做法

1　淘过的米，泡 30 分钟，捞起后再放置 30 分钟。糯米洗好后捞起来，亦放置 30 分钟。

2　豌豆在水里焯一下，撒些盐，捞起放在笊篱上。鳗鱼切成 3cm 见方的四方块，准备 4 块，放入耐热碗中，加入料酒，不用盖保鲜膜，微波炉加热 1 分钟。把腌高菜的水沥干。腌过的樱花在水里泡 3 分钟，去咸味。用厨房纸巾吸干水分，分出 4 粒，其余切碎。

3　把米和糯米放入电饭锅，水要放得比 3 碗米的水量稍微少些，然后正常煮饭。饭煮好后，放一小勺稍多些的盐，用饭板把米饭搅翻好。

4　饭四等分，豌豆和樱花碎分别和 1/4 的米饭混合。手上蘸些盐水，做成每种 4 个，共 16 个饭团。樱花饭团点缀上樱花。4 个素饭团，用鳗鱼盖上。剩下的 4 个素饭团，用高菜叶包裹起来。

◉ 单个量：盐腌樱花 100kcal，盐分 0.5g。腌高菜 104kcal，盐分 0.5g。
豌豆 107kcal，盐分 0.4g。鳗鱼 128kcal，盐分 0.5g

◇ 主菜 ◇

鲅鱼西京烧

预先在鱼上撒些盐，去掉多余的水分。
让味噌酱充分地渗透入味，才能更添浓香。

材料（ 4 ~ 6 人份 ）
切好的鲅鱼 ········ 两块
京西味噌 ········ 100g
盐　甜料酒　酒

做法

1　鲅鱼切成三等份，撒小半勺盐放置 15 分钟后，用厨房纸巾吸干水分。

2　盆里放入京西味噌，甜料酒一大勺，酒大勺一勺半，充分搅拌（①），制作味噌酱。

3　把一半味噌酱放入方平底盘或容器中，鲅鱼在上铺平。把剩余的味噌酱在鱼上涂抹开（②），盖上保鲜膜，放入冰箱冷藏（ 6 ~ 8 小时 ）。

4　中火加热烤鱼网（ 双面 ）。摆上抹好味噌酱的鲅鱼，烤 8 分钟。

①

②

◉ 1/6 量为 68kcal，盐分 0.4g

◇ 副菜 ◇

豆荚芝麻碎

豆荚不要煮过头，这样齿间更有感觉。
作为便当里的一道菜，充分发挥材料本身的味道，适当调味，口感更佳。

材料（ 4 ~ 6 人份 ）
豆荚 ········ 100g
白芝麻碎 ········ 两大勺
淡酱油 ········ 小半勺
盐

做法

豆荚去筋，加盐水焯，放入笊篱沥干。盆里放入芝麻碎、一点盐、淡酱油进行混合。豆荚劈开一半放入其中拌好。

◉ 1/6 量为 25kcal，盐分 0.1g

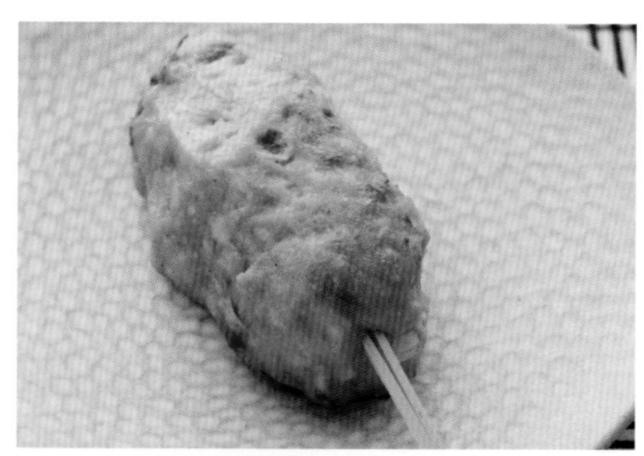

①

②

◇ 主菜 ◇

根菜鸡肉串

入味的绝招在于味噌的风味和蛋黄的浓郁，
根菜的口感是一个点缀。

材料（8个）

鸡肉馅……200g

藕……60g

牛蒡……15cm

洋葱（小）……半个

蛋黄……1个

A
- 味噌……一大勺
- 淀粉……两小勺
- 盐、糖……各一小勺
- 胡椒粉……1/4小勺

食用油

做法

1　藕削皮，水里浸泡3分钟。用厨房纸巾吸干水分，切碎。牛蒡去皮，斜着削成细条，入水浸泡。放入笊篱控水，用厨房纸巾吸干水分。洋葱切成碎末。

2　盆里放入鸡肉馅、1项和A项，搅拌至黏稠。分成八等份，手上蘸些油，把馅攥成细长圆。

3　烤鱼网（双面）铺上锡纸，把2项排好，中火烧8～10分钟（①）。取出后晾凉，穿上竹签（②）。

◉ 1个量为71kcal，盐分1.1g

①

②

◇ 副菜 ◇

鸡蛋卷

蛋液分多次烧，层次会很丰富。
如此，常用的一道料理，简简单单上了一个档次。

材料（4～6人份）

鸡蛋……3个

A
- 糖……1~2小勺
- 甜料酒、酒……小勺各半勺
- 盐……两小撮

食用油

做法

1　鸡蛋打入盆里，加入A项，用筷子搅匀。

2　小平锅（直径20cm左右）用中火烧热，倒上小半勺油热匀，用厨房纸巾稍微吸去一些油，倒入1/8量的蛋液。

3　让蛋液整体铺开，烧至半熟，从靠近自身一侧开始卷起（①）。空出的地方，倒油后用厨房纸巾再次吸取。

4　倒入剩蛋液1/7的量烧，从靠近自身一侧开始卷。同理，剩的蛋液分6次烧（②），烧好后取出，切成好摆放的大小。

◉ 1/6量为44kcal，盐分0.2g

关西式樱叶饼
◉ 1 个量为 112kcal，盐分 0.1g

关东式樱叶饼
◉ 1/10 量为 53kcal，盐分 0g

樱叶饼

春天，和果子店里色彩斑斓，装点着惹人喜爱的和果子。制作方法大有讲究，这里仅介绍两种。

①

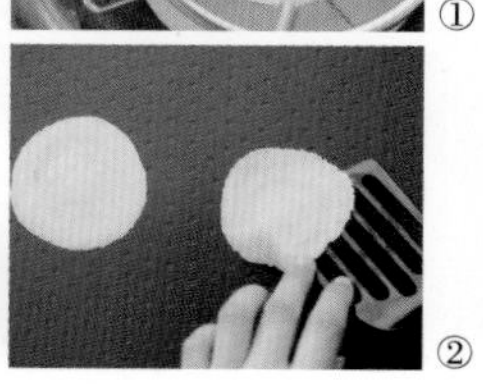

②

腌樱花叶

饼做好后，裹上腌好的樱花叶，是不可或缺的一道工序。常用大叶“大岛樱”，用盐腌后，香味独特，配以红豆沙，实为最佳组合。

◇ 关东式樱叶饼 ◇

富含樱花叶的香气，质地如同可丽饼。铁板烧制，原料会轻松膨胀，便于加工。

材料（8 ~ 10 个）

糯米粉（参照 P.72）……一大勺（8g）
低筋面粉……四大勺（25g）
红曲粉（参照 P.88）……1/8 小勺
糖……两小勺（5g）
红豆沙（参照 P.67）……160g
腌樱花叶……8~10 张
食用油……少许

做法

1　樱花叶在水里泡 10 分钟，去掉盐味，把水吸干。红豆沙分成 8~10 份，团成团。
2　盆里放入糯米粉、低筋面粉、糖、红曲粉，徐徐加入 70ml 水，用打蛋器搅拌。倒入面粉筛，边捻边滤去颗粒状的糯米粉粒（①）。
3　铁板加热至 150~160℃，倒入食用油，用厨房纸巾吸去多余油分。倒入一大勺 2 项材料，用勺背铺擀成直径 6~8cm 大的圆。表面凝固后，翻面（②），材料边缘变色后，取出放入竹筛或是餐布上。其余材料也同样处理。如无铁板，可用平锅小火烧制。
4　材料放凉后，放入红豆沙，对折合拢，用樱花叶裹好。

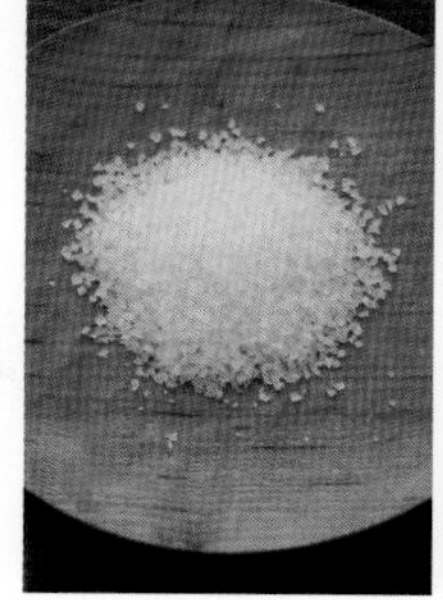

①

②

道明寺粉

糯米蒸熟后，晾干碾碎。因已做过热处理，比较容易调理。
最早做法出自大阪道明寺，故以此得名。

◇ 关西式樱叶饼 ◇

口感劲道，饼上一粒一粒的食材包裹住红豆沙，仪式活动中不愧为高人气的日本果子。

材料（6 个份）

道明寺粉……100g
红曲粉（参照 P.88）……1/8 小勺
糖……20g
盐……少许
红豆沙（参照 P.67）……90g
腌樱花叶……6 张

做法

1　樱花叶在水里泡 10 分钟，去掉盐味，把水吸干。红豆沙分成 6 份，团成团。
2　耐热盆里，放入道明寺粉、水 180ml、红曲粉混合。轻轻覆上保鲜膜（①），微波炉加热 5 分钟。水汽尽失即可。注意不要太烫，取出后晾 10 分钟。
3　2 项加入糖和盐，用饭勺搅匀。余热尽去后，分 6 团，盖上湿布醒一会儿。
4　手上蘸水，把 3 项平摊于掌上，展平。塞入红豆沙（②），做成草袋状，用樱花叶裹起。

五月

【皋月】

季节推移，已由暮春步入初夏，满眼葱绿。近些年，暮春时寒意尚有残留，转瞬间却又感到热意突袭，纵使如此，也是一年中最惬意的时期。此时所吹之风，谓之“熏风”，意为从新绿间吹过的风。从字面看，似可呼吸到草木间清新的气息。梅雨及暑热到来之前，这一旷性怡情的时刻值得好好享受。

五月

【皐月】

秧苗播种时期，因而称作「早苗月」。「皐」，有奉献稻子予神灵之意。

1日 八十八夜

2日

3日 宪法纪念日

4日 绿化节

5日 儿童节、端午节

6日 立夏

二十四节气之一。标志夏日的开始。新绿欲滴，万物成长，始觉初夏。

7日

8日

9日

10日

11日

12日

13日

14日

15日

母亲节（第二个周日）

16日

17日

18日

19日

20日

21日 小满

二十四节气之一。草木繁茂，小麦开始包浆。夏季作物开始进入植苗期。

22日

23日

24日

25日

26日

27日

28日

29日

30日

31日

月份的别名

菖蒲月

菖蒲花盛开之月。

月不见月

五月多阴雨，月不出之日较多。

多草月

草木繁茂之月。

仪式

葵祭（京都三大祭礼之一）、母亲节、端午节、三社祭、神田祭、山王祭（后三项为江户三大祭）

风物、天气用语

初鲣、熏风、五月晴、
夏日、初夏、
若枫（发出新芽的枫树）

花

菖蒲、金鱼草、芍药、
老鹳草、桐花、槐花

季节的问候

新叶初展，香气清爽之季
历法上已进入夏季
新绿渐浓
若叶季节、新绿季节、立夏之时

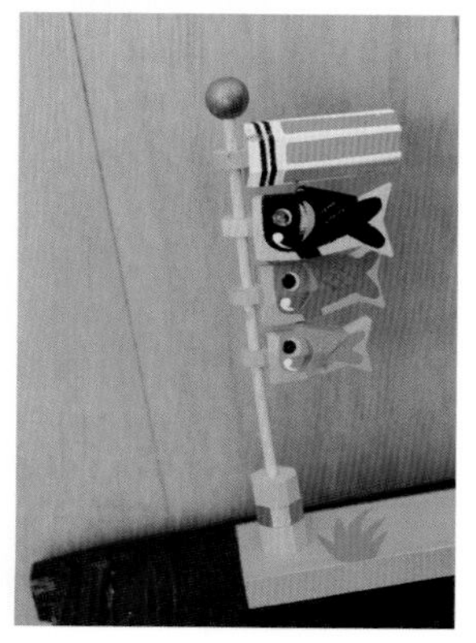

【八十八夜】

从立春算起第八十八天，即五月二日。过了此日，再无霜降，可以放心开始农耕。八十八，用一字书写，即为“米”字，也被视为农耕的重要日子。有歌谣唱：“夏日临近，八十八夜……”，自此时起，可开始摘茶。八十八夜采摘的头茶，据说有长生不老之功效。嫩叶清香，自然流溢，有平抚身心之效。

【端午节】

五大节日之一。月初正好为午日，由此得名。相对于女孩的桃花节（女儿节。参照 P.133），此日为男童节。旧时在日本，年轻女孩下地耕作之前，作为仪式，须先沐浴净身。而在中国，民间流传的习俗，是用艾草或菖蒲驱邪辟祟。到了日本武家社会，两相结合，因“菖蒲”发音略同于“胜负”、“尚武”之音，渐次演变为男童节。现在一般多挂鲤鱼旗，饰五月人偶，吃柏饼或是粽子。挂鲤鱼旗，意在让神灵知道家有男童，祈盼庇护，而五色旗被风吹起，大有驱魔之势。

柏饼

两种米磨成的粉，和合而成，微波炉即可轻松烤熟的和果子。
简单易做，朴素、好吃。

材料（6个份）

高筋面粉（参照 P.72）……… 200g
糯米粉（参照 P.72）……… 两大勺
糖……… 两大勺
橡树叶……… 6张
红豆沙（参照 P.67）……… 90~100g

做法

1　把高筋面粉、糯米粉和砂糖放入耐热的盆中，徐徐倒入半杯水，用饭板搅匀（①）。

2　搅拌好后，轻轻盖上保鲜膜，微波炉加热 4 ~ 5 分钟（②）。

3　研磨器蘸一下水放在一旁。红豆沙分成6团。橡树叶洗后吸干水分。

4　把2项从盆里取出，用饭板搅拌（③）。余热退尽后，手蘸上水揉一下（④）。

5　揉好后分为两团（⑤），再盖上保鲜膜，放入微波炉加热3分钟。取出盆后，用研磨器捣一下（⑥）。直到面团光滑细腻，才算可以。

6　把材料分6份，完全冷却。手上蘸些水团成圆形。材料边要薄，中间厚。放上红豆沙（⑦），对折并拢，边缘捏紧，裹上橡树叶。

橡树叶的含意

橡树在新芽长成之前，老叶不会落下，如同父母守护孩子成长之爱，寓有剪不断的亲情。近年来研究得知，橡树叶还有很强的抗菌作用。在保存方法受限的年代，柏饼包上橡树叶，自有食品卫生的道理。

◉ 1个量 180kcal，盐分 0g

竹叶饼样的粽子

材料里加入微甜的小米，竹叶清香，香郁四溢。传统的粽子有了现代的演绎。

材料（12个份）
糯米粉 ········ 150g
高筋面粉（参照P.72）········ 50g
小米 ········ 1~2大勺
竹叶 ········ 12张
糖 ········ 30g
盐 ········ 一撮
依个人喜好可加入红豆沙（参照P.67）、黄豆粉、糖 ········ 适量

做法

1　小米倒入滤茶网淘洗，在水中浸泡二三小时。水沥干后倒入锅中，加水180ml，中火烧开。开后用小火再煮三五分钟。尝一下没有硬芯即可。

2　盆中倒入糯米粉、高筋面粉、糖、盐混合而成，趁1项还是热的状态，连小米加浆一起加入（①）。

3　用饭板整体拌匀（②），待余热消退，用手揉面（③）。直到如耳垂般的硬度，盖上保鲜膜醒1小时。竹叶在水里泡一下，包时再拭干水分使用。

4　把材料分成12等份，团成圆形。竹叶从根部往斜上方折（④）。折过去的地方朝反方向再折回，做成袋状三角形（⑤）。放入团子（⑥），叶尖折到里面（⑦）。

5　锅中倒水，大火烧开，蒸汽出来后，把4项的一半摆好放入蒸笼（⑧）。盖上盖，大火蒸8～10分钟。另一半做法同上。按个人喜好，可放红豆沙或黄豆粉。黄豆粉和糖比例是1∶1，搅混使用。

Memo：团子如冷了变硬，可在蒸锅里蒸2～3分钟。

粽子之名的由来

粽子，最初是用白茅（一种细叶的草）将年糕包起来做成的食物。白茅公认可以辟邪。到了江户时代，白茅被竹叶取代，但粽子之名沿袭下来。竹叶与橡树叶有同样的功效，可以抗菌，人们把它用于食品的存放，以期耐久。

◉ 1个量112kcal，盐分0.1g

中国粽子

竹叶包塞满中国式的糯米小豆后，蒸熟吃，可谓正统。虽有多量红豆沙，但粽子并不很甜，是节日特有的食品。

用竹叶包裹的缘由

在中国，最早的起源是把米放到竹筒里蒸。据说，竹叶、箬竹叶、橡树叶，具有同等的杀菌之效，是包裹食品再好不过的天然材料。蒸好后，竹叶发出微微的清香，是得尝粽子这一美味前的一大快事。

如果有中式蒸屉的话……

蒸屉和蒸锅是一样的东西，但蒸屉可以直接端上桌。用蒸锅的话，水蒸气遇冷，水滴就会掉在食物上，而蒸屉无此不便，大可放心。并且用得久了，颜色也会随之变化，这也是它的魅力之一。用过后，把蒸屉晾干晒透，又可持久使用。

美味的秘诀是干货

中式粽子特点是可以放很多配料。如干香菇、干虾之类干货，香味浓厚。

粽子可冷冻保存

中国粽子一做就做很多，冷冻保存很方便。蒸好后，待完全冷却，放入密封袋储存在冷冻室，可保存一个月。解冻时，用保鲜膜包好，在微波炉里加热3～4分钟，或在已加热的屉上蒸5分钟。

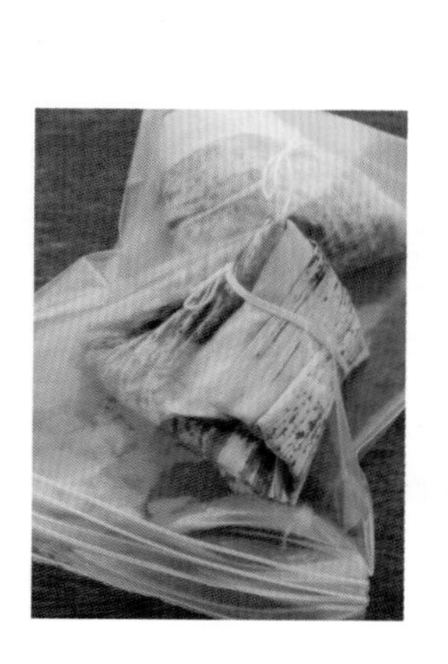

材料（10个份）

糯米……4碗（720ml）

干香菇……5~10个

干虾仁……15g

五花肉1块……350g

切薄的姜片……若干

大葱（靠近绿色的部分）……1根

水煮冬笋……80g

剥壳鹌鹑蛋（水煮）……10个

葱末……30g

猪油（用植物油也可）……大勺一勺半

A
- 酱油……两大勺
- 蚝油……一大勺
- 酒（最好是绍兴酒）……一大勺
- 糖……两小勺

B
- 泡过干虾仁和干香菇的水……大半杯
- 酱油……一大勺
- 蚝油……一大勺
- 酒（最好是绍兴酒）……一大勺
- 盐……半小勺
- 糖……半小勺
- 胡椒粉……少许

做法

1　糯米淘好，放水浸泡6小时。放到筛子上晾30分钟。干香菇和干虾仁用水冲洗，干香菇泡2~3小时，干虾仁用水浸泡半小时发一下（①）。泡过的水，保留。干香菇去掉根部，大些的切下一半留用。

2　锅里放入猪肉、酱油、大葱的绿色部分，水刚好没过肉，大火烧煮（②）。煮开后，撇沫，小火煮30分钟后，肉与汤分开放。冬笋在热水里过一下，切成容易入口的大小。把A项和B项分别混合。

3　2项猪肉，切为10份，放锅中，加干香菇、冬笋、A项、肉汤两杯半，小火炖25分钟（③）。而后沥干鹌鹑蛋里的水，加入鹌鹑蛋，中火烧煮5分钟，入味，断火。余热去尽后，食材取出，放入平锅。

4　猪油放入炒锅，小火加热，葱花爆炒保持不焦的状态。香味泛上来后，转中火，加入干虾仁及糯米一起翻炒。米粒均匀沾上油后，加入B项翻炒，汤汁收干后（④），放入平锅散热。

5　如右页所示要领，用竹叶包住米和食材。

6　锅中放水，大火烧开，待蒸汽升起后，摆好5项，置蒸屉于锅上（⑤），大火蒸30分钟。如水少，可适量添加。

Memo：猪肉可用市面上炒肉用的肉，肉汤也可以用水代替。

① ② ③ ④ ⑤

◉ 1个量391kcal，盐分1.4g

粽子的包法

竹叶洗净后去水。竹叶稍微错开对折。

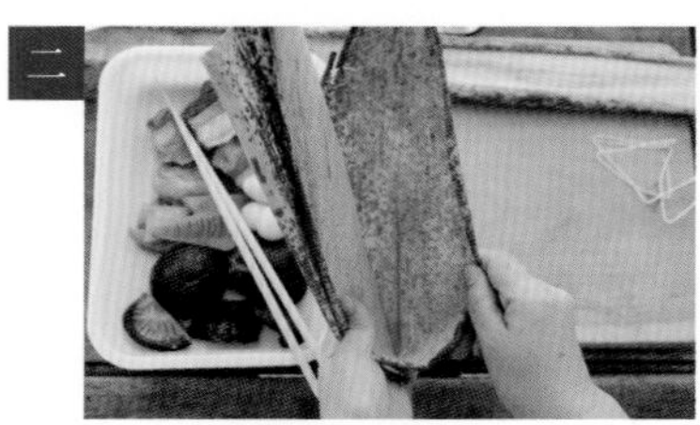

打开一侧做成口袋状。

加入米，放食材，再加些米。

塞满，向对面方向折过去。

折成三角，把竹叶合上。

三边都不能松，用风筝线绑好。只要形状合适，不必扎得很紧。

六月

【水无月】

在日本，除北海道之外，大多地区都笼罩在梅雨之下。梅雨一词，其说来自中国，随岁月变迁，日本也衍生出很多派生词。不下雨，谓之“空梅雨”；不合时节的寒冷，谓之“梅雨寒”；梅雨季过后，再次感到梅雨天气，又可谓之“梅雨回潮”。无论哪种说法，给人的印象都语带情绪。雨和生活关系密切，或可感受到古人喜雨，享受雨季的愉快之情。

六月

【水无月】

「无」即为「……的」之意，「水无月」也可理解为「水之月」。田耕结束，水量丰沛。

另一种说法是，雨水下降于地，天宫之水尽失。

1日

2日

3日

4日

5日

6日 芒种

二十四节气之一。插秧之际。「芒」是种壳上长针样的细芒。

7日

8日

9日

10日

11日 入梅

12日

13日

14日

15日

16日

17日

18日

19日

20日

21日 夏至

22日

23日

24日

25日

26日

27日

28日

29日

30日 夏季祓除

一年过半之节日。祓除过去半年的污秽和罪恶，祈福下半年能健康安度。此时，离不开三角形的「水无月」和果子。

父亲节（第三个周日）

月份的别名

待风月

焦急等待风的到来之月。

鸣神月

雷鸣之月。

凉暮月

凉爽度日之月。

仪式

更衣（换衣服）、父亲节、
夏季祓除

风物、天气用语

雨、萤火虫、短夜（夏夜短暂）、
麦秋（麦穗成熟于初夏之际）、
捕萤、入梅、
蜗牛、梅雨前锋

花

绣球花、花菖蒲、燕子花、蝴蝶花、
橘子花、栀子、石榴花

季节的问候

雨湿紫阳花影斜，
恰巧是最美时节。
梅雨让肌肤略感寒意的季节。
梅雨时节、麦秋时节、长雨时节。

【入　梅】

农历芒种后的壬日，按往年旧历，大概在六月十一日前后。也有说法是，进入雨季，恰巧是梅子变黄，渐入成熟之时，因而得名。实际上，每年入梅之日，并非一成不变。以前与农作物收割相关，现今也有必要了解进入雨季的时间。一年当中，唯有此时，是梅子上市的季节。下雨的日子，悠闲中料理梅子，不失为度过梅雨季节的好方法。

【夏　至】

夏天来临的日子。二十四节气之一，北半球白天更长，夜晚更短。可惜此时日本正处于梅雨季节，日照时间反而很短。而农户正值农耕繁忙，植物根部生长最旺之际。夏至时，一些地区有吃章鱼的习俗。为了面对即将来临的暑热，祈福像章鱼的八爪一样，稻子的根部能长得又深又结实，也祈祷人们身体健康无恙。

水无月

用葛粉做成半透明坯料，实在是让人口感很清凉的和果子。做起来出乎意料的简单，强烈推荐的一款夏日点心。

材料（135mm × 145mm × 45mm 的模具盒 1 个）

本葛粉……30g
糯米粉（参照 P.72）……20g
低筋面粉……70g
细砂糖……80g
甜豆……120~130g

做法

1　盆里放入本葛粉、糯米粉，用手捏碎粉中颗粒（①），将一杯水徐徐加入。混合搅拌调融。

2　另一个盆里放入低筋面粉、细砂糖，用打泡器搅拌，慢慢加入 1 项一起搅拌。顺滑后，用细筛过滤。锅（或是蒸锅的下半截）里加满水，大火加热。

3　2 项材料分出 80ml 。模具盒内侧迅速过一下水，把剩余的材料倒进去。待锅开后，把模具盒放入蒸笼（或是蒸屉的上半段）一起入锅，盖上盖，大火蒸 20 分钟。

4　拿蒸笼（或是蒸屉的上半段）时注意不要烫伤。整体撒上甜豆（②），刚才分出来的材料倒入后，再用大火蒸 10 分钟。

5　拿出模具盒晾凉，取出食材。切为三角形后，盛于器皿。

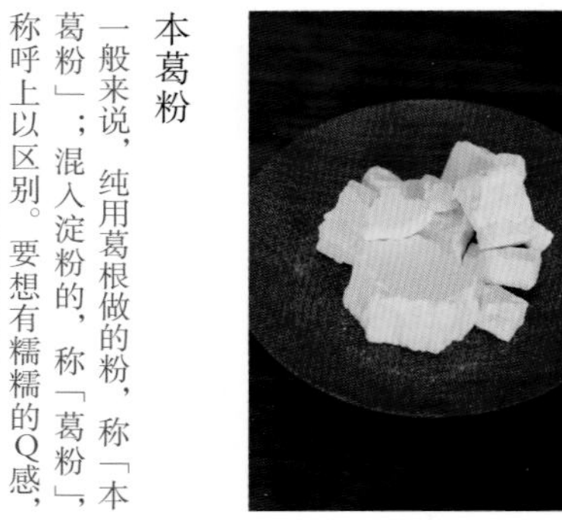

本葛粉

一般来说，纯用葛根做的粉，称「本葛粉」；混入淀粉的，称「葛粉」，称呼上以区别。要想有糯糯的Q感，且成相好，最好用本葛粉。

用色彩斑斓的甜豆来点缀

水无月本有驱邪之意，主流做法多用煮过的小豆。而作为家常的点心，为制作轻松，则推荐方便的甜豆。选取颜色斑斓的各种豆类，成相会更华丽。

模具盒无疑是方便的厨具

以水羊羹、琼脂类制冷点心，模具在制作过程中必不可缺。除此之外，做面包、布丁、芝麻豆腐、日本豆腐等「蒸煮」食品时，模具也大有用武之地。做出的食物，品相不毁，是它最大的优势。

①

②

◉ 1/8 量 138kcal，盐分 0g

梅子露

让人无法抵挡的酸甜梅香，不妨自己动手做果子露。诀窍是细细搅拌，彻底融化砂糖。

材料（相对适量）
青梅 ········ 1kg
砂糖 ········ 1kg
※ 不要选黄色成熟的梅子，要选硬的青梅。有伤或泛茶色的梅子已经烂了。南高梅、古城梅这些品种较为适合，当然，其他品种也没问题。

做法

1　瓶子用热水消毒。瓶（容量 4 升的宽口瓶）中灌入热水（①）。摇动瓶子，以充分烫洗瓶壁（②）。如果瓶子没有把手，最好戴上手套以免烫伤。放在清洁的布上，自然晾干。

2　梅子洗后放在筛子上，用竹签剔去根蒂（③）。用清洁的布，挨个擦干梅子上的水。把梅子放入瓶中，倒入 1/3 量的糖（④），盖上盖后摇动瓶体，让糖均匀覆盖在梅子上。

3　每天一次，戴上一次性手套，搅匀瓶里的梅子（⑤），让糖融化。3 日后，倒入剩余糖的一半，5 日后，把所剩砂糖全部倒入，同样进行搅拌。

4　10~13 天砂糖充分融化后即可（⑥）。准备一个存储用的小瓶（容量 1~1.2 升的细口瓶），按 1 项要领，用热水烫洗消毒。

5　把梅子和果露分开，果露放入不锈钢或是搪瓷锅里，用极微的小火加热（⑦）而不沸腾，煮 12~15 分钟（停止发酵）。

6　把果露倒入小瓶中，凉后盖上盖（⑧），放入冰箱保存。用 5 倍的碳酸水或冷水稀释后即可饮用，也可浇在刨冰上，或与牛奶混合喝。

Memo：放入冰箱，可保存 6 个月左右。

瓶子

保存食品多用玻璃瓶。此次的梅子露，腌渍时用宽口瓶，而保存时，为让果露尽可能不接触空气，选用细口瓶最为合适。对初学者来说，特别是透明的玻璃瓶，易于观察砂糖每日的溶解状况，梅子的变化，亦可一目了然。

◉ 总热量 2206kcal，盐分 0g

①

②

③

④

⑤

⑥

⑦

⑧

七月

【文月】

梅雨总算过去了，这个月真正地进入了夏天。学校马上要放暑假。在这欢欣雀跃的时刻到来之前，先迎来了七夕节。在这大人记忆已经淡薄的岁时记里的一日，还能记起幼时把许愿条系在小竹条上的情景么？快活热闹的记忆背后，探寻一下历史，可知其中不但有个悲恋传说，还有袚除不祥的故事。知其起源，不失为一快事。夜晚仰望天河，遥想种种关于七夕的传说，这样的夏夜再有意思不过了。

七月【文月】

七月七日七夕节，或是赠人诗歌，或是写祈福书法、题勇猛精进等字，因皆与「文」字有关，遂得此名。

1日 开放海水浴场/开山

2日

3日 半夏生

田耕结束的标志。「半夏」又名地文，药用植物，在这个时期生长出来，因而得名。

4日

5日

6日

7日 七夕

8日 小暑

二十四节气之一。梅雨初歇，暑热登场。自此日起到大暑，称为暑气。

9日

10日

11日

12日

13日

14日

15日 中元

13~16日盂兰盆节（参见P.55）

中国道教的仪式行为，应为最早的起源。传到日本后，和盂兰盆节相结合，慢慢形成了现在的馈赠习惯。也就在众多的杂节中，有了一席之位。

16日

17日

18日

19日

20日

21日

22日

23日 大暑

二十四节气之一。历法上一年中最为炎热的节气。

24日

25日

26日

27日

28日

29日

30日

31日

海之日（第三个周一）

20日左右~8月6日左右 伏天

月份的别名

七夕月

七夕之月。

女萝花月

女萝花开之月。

亲月

盂兰盆节，给祖先扫墓之月。

仪式

开放海水浴场、开山、七夕节、
牵牛花市场、灯笼草市场、盂兰盆节、伏天、
夏季祭祀、祇园祭、大阪天满宫天神祭（后三祭为日本三大祭祀节）

风物、天气用语

骤雨、团扇、浴衣、洒水、雷电、
烈日、除暑气、中元节

花

莲花、灯笼草、月光花、睡莲、
香蒲穗、芭蕉的花

季节的问候

谨致盛夏的问候
时值炎夏，别来佳胜
又值蝉声喧聒的季节
仲夏之际、酷暑之际、盛夏之际

【七　夕　节】

五个节日之一。岁时记里，中国和日本的仪式常通同混杂，这个节日便是其中之一。中国讲牛郎织女一年一度相聚天河，日本讲织女星（织布的女性）为迎接先祖亡灵，织布缝衣。七夕的仪式食品是煮挂面，原型为类似索饼的面点。传说很久以前，皇太子病亡，中国皇帝供奉七日皇太子喜吃的索饼，典出于此。

【土　用】

所指为立春、立夏、立秋、立冬各往前推算十八天。一年各有四次，现在立秋前的夏季土用日已固定下来。按中国古代所说，万物皆由木、火、土、金、水五行构成，四季与之一一对应，多出了土，于是土的日期就与四季有别，另外规定。说起土用，让人想起鳗鱼、蚬贝鸡蛋，在土用时吃，可令人精力旺盛，因而也就定为土用食品。

七夕煮挂面和炸精进

材料（3人份）

挂面……3~4束

苦瓜……5 cm

玉米……6 cm

南瓜片（1/4的南瓜，切为5mm厚的片）……6块

秋葵……6个

面衣

A 低筋面粉……120g
淀粉……一大勺
冰水……1杯

喜好的佐料（蘘荷、白芝麻、小葱等）……各适量

面条露（市场上出售的或是参考以下方法制作）……适量

低筋面粉，炸食物用的油

◉ 1人份 671kcal，盐分 5.0g

做法

1　苦瓜竖切成两半，摘去瓤，切成5mm宽的片。玉米切成1cm宽的片。秋葵去掉头，剥掉花萼。

2　做面衣。把低筋面粉和淀粉混合。盆里放入冷水，倒入1/2的粉，用长筷子搅拌。再把余下的粉加入搅拌，不要太稀。

3　烧一大锅水，挂面按标注方式煮熟，捞进笊篱。过凉水后，沥干。

4　油中火（170℃）加热，蔬菜沾面衣后进锅，炸至爽脆。沥油后盛入盘中，挂面、面条露，配上自己喜欢的佐料即可食。

吃挂面有祛病之效，在中国源自七夕料理。和夏天当季蔬菜天妇罗一起食用，更添一层乐趣。

●面条露的做法

材料（相对适量）

海带（5 cm ×7 cm）……两张

干鲣鱼薄片……1把

水……1杯

甜料酒……半杯

酱油……半杯

做法

所有材料均放入锅中，小火（①）加热，开锅后关火。晾凉后笊篱沥净，冷却。

Memo：放入密封瓶（②），冰箱冷藏，可保存10天。

所谓精进

单纯从字面上解读，意为“佛教中的努力修行”。修行，则不可杀生，不食荤腥，只吃蔬菜或谷物类的粗粮，也就意味着烹饪中不用肉、鱼等食材，因而称为精进料理。

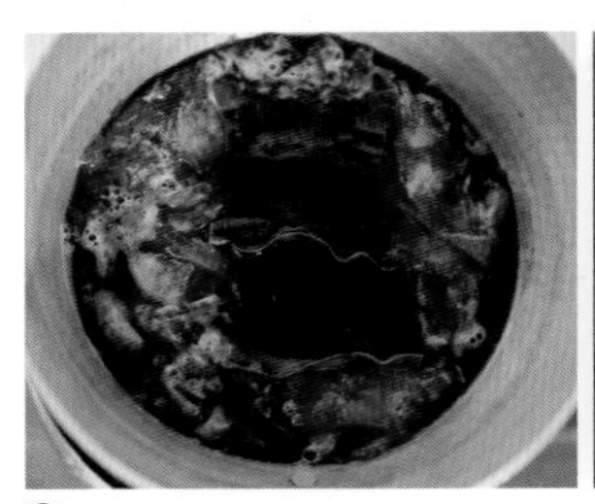

①

②

鳗鱼盖饭

三种美味一并享用，以鳗鱼为主角的名古屋特产。米饭烧得略微硬些，美味到最后。

吃法

第一碗　米饭从底儿搅起，拌松，盛入碗中。

第二碗　同样盛上米饭，加入喜欢的佐料（①）。

第三碗　同样盛上米饭后加入佐料，浇上汤汁，做成汤泡饭（②）。

材料（4人份）

米……两碗（360g）

烧鳗鱼……两大条

附带的调料汁……两袋

汤汁（参照P.100）……3杯

A
- 淡口酱油（如有，也可用白酱油）……大勺一勺半
- 酒……一大勺
- 盐……少许

紫菜丝，小葱切碎，
绿紫苏叶切丝，芥末，
切成小碎块的年糕……各适量

做法

1　米淘好后，放在笊篱上搁置30分钟。把米和340ml水放入瓦锅，泡20分钟。

2　大火煮开后，小火再焖12分钟。

3　鳗鱼最好去掉扦子，切成3cm见方。排在铝箔纸上，放入烤箱烤5分钟。附带的调料汁，倒入小锅加热，中火烧到即将开锅。

4　米饭烧好后，铺好鳗鱼，浇上调料汁。盖上盖，焖10分钟。准备佐料。

5　把汤汁倒入锅中，中火煮沸，加入A项后，移入器皿。

◉ 1人份599kcal，盐分3.3g

①　②

【伏天吃鳗鱼】理由

说法诸多，最有名的当来自鳗鱼店的招牌。江户时代著名学者平贺源内，受鳗鱼店老板的委托，为增加鳗鱼的销量，打出了“土用丑日吃‘う^{4}’字头的食品”的宣传，鳗鱼店生意一下红火了起来。时至今日，当初的宣传效果仍沿袭不衰。

何为干支

如丑日、午日等，在本岁时记中，多有围绕干支的话题。干支来自中国。十二支为古代沿用下来的计算单位。用此十二字，可以得知年、月、日、时、方位。也就是说1、2、3、4分别可以用子、丑、寅、卯来替代。端午节的“端（最初的）”“午（午日）”，指最早的午日。丑日、初午，也同样由十二支计算而来，由此定下日期。另外还有一个计量单位就是十干，也在使用。十干是用于计算日期的文字，以十日为单位记用。计算十日以上的数字时，把天干和地支组合起来，共有六十个。通常说十干十二支。

亥	戌	酉	申	未	午	巳	辰	卯	寅	丑	子	地支

癸	壬	辛	庚	己	戊	丁	丙	乙	甲	天干

暑伏饼

口感糯糯的年糕，包上薄薄一层豆沙，极其雅致的一款和果子。用店里出售的年糕片，微波炉稍作加热，简单方便。

材料（8个份）
年糕片……4条（200g）
糖……两大勺
盐……一小撮
店里出售的豆沙馅……240g
淀粉……适量

做法

1　豆沙馅分成8份，分别团圆。耐热盆里放入砂糖、两大勺水和盐，盖上保鲜膜，入微波炉加热1分钟。取出搅拌，直至砂糖融化。

2　上述盆里加入年糕片、2~3大勺水（①），盖上保鲜膜，再入微波炉加热5分钟。取出时注意防烫伤。用饭板快速整体搅拌（②、③）。

3　平盘上铺好淀粉，用两个勺挟起，让年糕自然滑落盘中（④），分为八等份。年糕均匀沾满淀粉后，团成圆形。拿一个年糕放掌上，取一份豆沙馅，包好。余下同理。

①

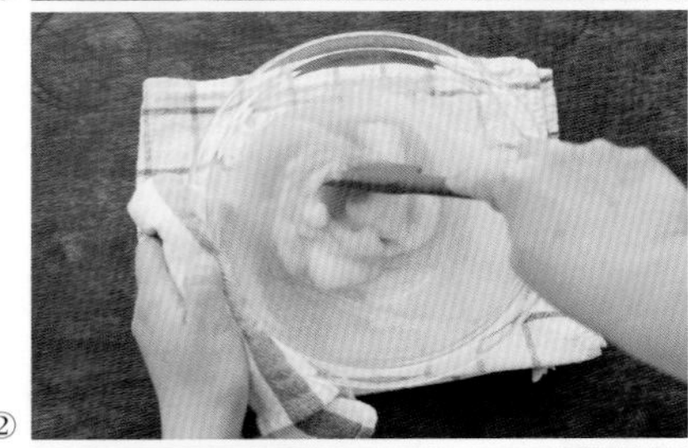
②

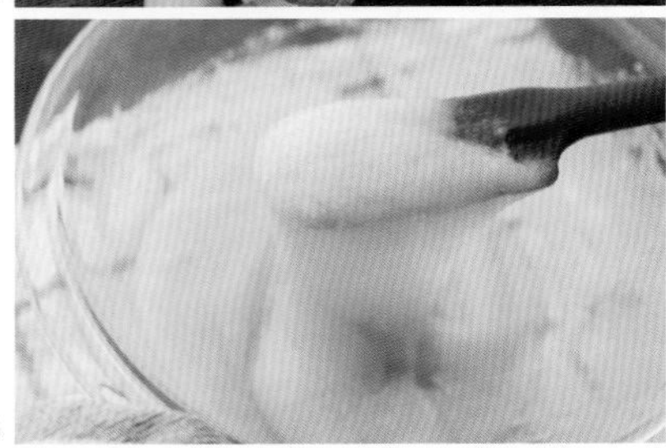
③

④

和果子分食工具

吃和果子时，往往需要用到牙签。材质、样式各式各样，有不锈钢的、象牙的。经常看到的木质牙签，是用乌樟木制成。各有各的意趣，选择适用的与果子配合。

◉ 1个份141kcal，盐分0.2g

八月

【叶月】

一年中最热的月份。据历法记载，早的话，会迎来秋天。这时，傍晚时分偶尔会见到穿浴衣的身影。夏季，祭祀活动和烟火大会此起彼伏。此时也正值盂兰盆节，回家扫墓，得与久未相见的朋友小聚，大多数人的节奏，就此与平常不同了。远离忙碌的日常生活，应多感谢祖先，这也成为日本独有的夏日风情。

八月

【叶月】

这个月，暑热虽未退尽，历法指明已开始进入秋天。树叶开始转红，意味着「叶落之月」，因而视为叶月。

1日 朔日

祈祷一年的丰收，勿受台风灾害。「朔」是月初的意思。有些地区，耕作前进行祈福供奉。

2日

3日

4日

5日

6日

7日

8日 立秋

二十四节气之一。历法上这一日标志着秋天的开始。此日以后的暑热，称为残暑。

9日

10日

11日

12日

13日

14日

15日 战败纪念日

16日

13~16日 盂兰盆节(迟一个月)

17日

18日

19日

20日

21日

22日

23日 处暑

二十四节气之一。暑热消退。酷暑终于告终。

24日

25日

26日

27日

28日

29日

30日

31日

八月风物

月份的别名

秋风月

秋风吹起之月。

木染月

树木颜色渐浓之月。

南风月

南部开始刮起台风之月。

仪式

盂兰盆节、焰火大会、祓除暑气、
盂兰盆舞、德岛阿波舞。
青森七夕灯节、秋田竿灯会、仙台七夕节
（均为东北三大祭祀活动之一）

风物、天气用语

蝉鸣聒耳、高温夜、残暑、
渐有秋意、寒蝉

花

百合花、牵牛花、木棉、芙蓉、稻花、
紫茉莉、凤仙花、美人蕉、毛蓼

季节的问候

谨致暑消的问候
历法上已入秋
序属立秋，暑热犹存
残暑之际、纳凉之际、晚夏之际

【盂　兰　盆　节】

佛教中所说的祖先供奉，与古代流传下来祭奠祖先的习俗，两相结合，形成此仪式。在 7 月或 8 月的 13 日~16 日前后，因地域不同，月份有差异，近年来说到盂兰盆节，多指 8 月。进入 13 日，会在门厅前点燃“迎魂火”的麻秆（去皮的麻秆），给祖先的灵魂引路。16 日同样点燃“送魂火”的麻秆，为祖先之灵送行。盂兰盆舞，则是为了慰藉亡灵，祈祷冥福而起。

【祛　暑】

夏日避暑，或吃冷饮，或洒水，或扇扇，都为纳凉。除此之外，聆风铃之音，观金鱼戏水，通过耳目感受凉爽，可谓日本独特的祛暑之道。近年，人们对避暑纳凉有了更广义的理解，夏日时常把它当作举行酒宴的理由。何不试着用最原初的避暑方式来享受日本的夏天呢？

糯米团里的绿豆馅

「绿豆馅」是用毛豆做成的豆馅。
水灵灵的糯米团，配上毛豆的朴质，口感超群。

材料（相对适量）
糯米粉（参照 P.72）……100g
嫩豆腐……半盒（150g）
绿豆馅
- 毛豆（带豆荚）……200g
- 糖……大勺一勺半
- 水……大勺一勺半
- 盐……少许

做法

1 锅中倒入糖和水，中火烧至砂糖融化，关火。

2 毛豆用热水煮 4 分钟，过冷水冲，待冷却后，剥去豆荚，去掉薄皮。倒入蒜臼捣碎，留有一点颗粒即可（①半碎状态），加盐后混合。倒入 1 项的糖水（②），搅拌研磨。

3 碗里放入糯米粉，徐徐加入豆腐（③），揉匀。分为十等份，团圆后把中心按压下去。

4 3 项中倒入热水，中火烧至糯米团浮起，再烧 1~2 分钟，倒入冰水中。沥干水分，盛入碗中，放上 2 项。

用豆腐揉制

一般糯米团都是用水来揉，而用豆腐的水分揉制，口感更好。比较推荐嫩豆腐，因水分多。

蒜臼的韵味

蒜臼的最大优点，是捣碎力度可自由掌握，游刃有余。近来，蒜臼材质、纹理，种类繁多，以口径 22cm 的最为称手。

糯米团也可在盂兰盆节时食用

盂兰盆节的供奉品一般是果物或新收的蔬菜。"盂兰盆团子"所指的团子，也属此类。形状、材料各异，糯米团也可算作是盂兰盆团子的一种。关于它有趣的说法是：供奉的供品，祖先在灵魂返回净土时，可作为赠礼带回。

①

②

③

◉ 总热量 653kcal，盐分 0.1g

蜜桃刨冰

咔嚓咔嚓脆的刨冰上，放上甜甜的水蜜桃。若能加点儿乳白色的炼乳，则略有祛暑的小奢侈范儿了。

材料（4人份）

桃……两个

A
- 水……1杯
- 烧酒……半杯
- 细砂糖……80g
- 柠檬……半个

冰……适量

炼乳……适量

做法

1　桃洗净后，沿桃缝入刀切（①）。两手攥住桃的两边（②）。掰成两半（③），用勺挖出桃核（④）。桃核保留。

2　把A项倒入锅中，中火加热至煮开。桃切口冲下连同桃核一起放入，以烤箱用的薄纸做盖，煮两分钟（⑤），火关小，再煮3分钟。

3　把锅从火上移开，揭开烤箱用纸的盖子，桃翻个儿，皮朝下，将果汁浇在上面（⑥），晾凉。

4　去皮（⑦），连同果汁一起放入器皿，移至冰箱冷却。用刨冰器碎冰，桃切薄片点缀于上。转圈浇上适量的果汁和炼乳。

桃核清香满满

实际上，水果核别有风味与清香。特别是李子和杏，属蔷薇科果物，核有特别的芬芳。煮果肉的同时放入核，比单煮果肉效果要好。

① ② ③ ④ ⑤ ⑥ ⑦

◉ 1人份 152kcal，盐分 0.1g

蕨粉饼

很好的口感，真的是魅力无穷。一口咬去，满口清凉，夏日点心再适口不过了。

材料（相对适量）

蕨根粉……50g

糖……25~30g

A
- 黄豆粉……20g
- 糖……一大勺
- 盐……少许

做法

1　盆里放入蕨根粉和糖，混合拌好。徐徐加入一杯半水，用饭板搅匀，倒入筛子（①）过滤，后移至小锅。

2　中火加热，用耐热饭板搅拌（②）3~5 分钟。颜色渐露透明，把火捻小继续搅拌（③），待整体完全透明，关火，把材料移至用水冲过的容器中。

3　待表面平整后，轻轻盖上保鲜膜，用冷藏剂或冷水冰起来（④）。

4　把 A 项拌匀，铺在平盘上。食材冷却后，用蘸过水的刀进行切分，再用两把蘸过水的勺捞起，扔到平盘上（⑤）。整个儿沾上黄豆粉，盛盘。

Memo：冷藏的话，食材会变白、浑浊，最好常温保存，尽早吃掉。

①

②

③

④

⑤

蕨根粉

蕨根粉与马铃薯粉相同，均属于淀粉类。不同价格，纯度、颜色、口感均会不同。较易买到的是「蕨根粉」，蕨粉是含有红薯粉的。纯度高的真正蕨根粉，优点在于好搅拌。

◉ 总热量 384kcal，盐分 0.2g

九月

【长月】

秋季是读书、运动之月，也是胃口大开之际。暑热消退，身心松弛，气候让人倍感舒适。这个季节的魅力，更多人谓为“长夜”，可实际上最长的夜晚是在冬至（参照 P.97），真正的夜长是在冬天。而秋天长夜之妙处，在于日复一日舒适的夜晚让人欣喜欢娱。春天播种的稻子，眼见就迎来了收割的季节。

九月【长月】

伴着秋意渐浓，夜也越来越长，因而这个月，也称作「夜长月」。「夜长月」不知何时缩称长月。

1日　二百一十天

杂节之一，稻穗开花。对农作物来说至关重要，可是这个季节又伴随着台风和暴雨。为避免灾害，农村有「祭风」的习俗，驱赶风灾，祈祷收获。

2日

3日

4日

5日

6日

7日

8日　白露

二十四节气之一。黎明时露水挂枝，可感知秋日的到来。

9日　重阳节

10日

11日

12日

13日

14日

15日

16日

17日

18日

19日

敬老日（第三个周一）

20日

21日

22日

23日　秋分

二十四节气之一，昼夜长度均分相等。秋分，与常说的春分相对。

24日

25日

26日

27日

28日

29日

30日

秋社日（与秋分之日最为相近的戊日。参照 P.133）

20 ~ 26 日前后　秋天的彼岸（秋分的前后三天）

月份的别名

菊咲月

菊花绽放之月。

季秋

意指秋末之月。

色取月

树叶染色之月。

仪式

彼岸节、重阳节、十五夜（参照 P.70）

风物、天气用语

听秋虫鸣、长夜、秋雨前锋、
台风、蜻蜓、露水、
夕月夜（黄昏时月美之夜）

花

桔梗、葛花、胡枝子[5]、
地榆、荞麦花、露草、
彼岸花、灯笼草

季节的问候

总算盼到舒服的季节
早晚明显凉了起来
终于迎来了秋高气爽
初秋之际、白露之际、秋高气爽之际

【重阳节】

五大节日之一，又名“菊之节”。在中国，奇数代表阳，九月九日，两九相重，为庆祝最大的奇数并阳，特谓“重阳”。为了让神灵能更好寄居，浮菊花于酒上，相与酌饮，可延年益寿，避免灾祸。重阳节平安时代已传入日本，现在倒反不如其他节日受欢迎。但是，也有人说重阳节是源于同样在九月里的敬老日。

【彼岸节】

三月二十一日的春分，九月二十三日的秋分，夹在中间每七天为一周期。彼岸一词，源自佛语：“那边的世界”，“生死的彼岸”。彼岸也是逝去的故人灵魂回归之处。节日时，会供奉佛坛，返里扫墓。代表的供奉品，是萩饼。秋天惯以萩饼相称，而春天的彼岸，一般指牡丹饼。因秋天是胡枝子开放的季节，春天是牡丹绽放的时期，故得名。

四色萩饼

四色，为豆馅、黄豆粉、青紫菜和黑米。米饭呈淡淡一层晕红，更添蔼蔼繁华。

材料（16个份）

米……两碗（360ml）

黑米……不到两小勺

A
- 黄豆粉……3~4大勺
- 糖……15g
- 盐……少许

B
- 青紫菜……适量
- 盐……少许

红豆沙（参照下方）……240g

盐……1/3小勺

萩饼另有别名

萩饼在春季和秋季叫法不同，前面已经说到过（参照P.65），而且还另有别名，夏季叫“夜船”，冬季叫“北窗”。萩饼像年糕一样，不易粘米，什么时候粘上呢（什么时候到呢[6]），完全不知道，因而得名，称为夜晚的船[7]，简化为夜船。同样，由听不到杵捣的声音而来，听不见杵捣的声音[8]→没有月亮[9]→北窗[10]（看不见月亮）。只此一个和果子，随着四季的变化，有着不同的称谓，由此可以感到日本民族独有的微妙情怀。

做法

1　米淘好后晾于筛子上，放置30~60分钟。放入电饭锅内，加黑米两碗，米一大勺，水尽量多一些。加盐，搅拌，按正常程序煮饭。

2　饭烧好后，彻底松一下，用饭板把米粒分开（①）。松好的米饭，分成16份，做成草袋形晾凉。把A项和B项分别混合。

3　把16个饭团按每4个一组分别做好。4个饭团沾上A项，另4个饭团沾上B项。豆沙分成每份40g的4份，和每份20g的4份，分别团好。40g的豆沙放于手上摊开，把米饭置于其上，卷起，包好。剩下的饭团放于手上展开，把20g的豆沙放于中间卷起（②），包好四个。

①

②

1个份：◉ 黑米：108kcal，盐分0.1g；◉ 黄豆粉：99kcal，盐分0.2g；◉ 青紫菜：69kcal，盐分0.2g；◉ 红豆沙：147kcal，盐分0.1g

---

●红豆沙的做法

材料（相对适量）

红豆……300g

糖……250g

盐……少许

①

②

③

④

做法

1　红豆淘好后放入锅中，加满水，中火烧至沸腾，把锅中水倒掉，清水冲洗。水沥干后，红豆倒回锅中，加满水，中火烧至沸腾，转小火烧1~2小时。注意撇沫（①）。红豆需经常加水。

2　用手捏一下豆，觉得豆子已软（②），把豆和汤分开。取出1/3的豆放入器皿中，加入少许豆汤搅拌（如难于搅动，再加少许汤）。其余同样处理。

3　把2项放入锅中，加入砂糖、盐，中火捻小（③），饭板边搅边煮。待有光泽后即可出锅（④）。

Memo：放入食品保鲜袋中，可冷冻保存1个月。

◉ 总热量215kcal，盐分1.4g

醋腌菊花

重阳节时比较推荐的一款食品。
菊花入水迅速焯一下，嚼起来要有脆生的口感。
柚子胡椒[11]的辛香，让三种素材更为爽口。

材料（4人份）

食用菊花……1包
山药……200g
金针菇……1袋（150g）
A {
醋……大勺一勺半
酱油……一小勺
糖……半小勺
柚子胡椒……1/3小勺
盐……少许
}
醋

①

②

做法

1　把菊花花瓣摘下（①）。山药去皮，对半切后，再切为8cm长短。金针菇去根，打散。

2　锅中水烧开后，滴入少许醋，先焯金针菇，再焯菊花（②）。金针菇放入筛子，过水洗，菊花余热消散后，把水攥干。

3　盆中放入A项混合好，加入2项和山药，拌匀。

◉ 1人份47kcal，盐分0.8g

贺寿

（虚岁：凡过年，无论生于何月日，岁数都按增加一岁计）

◉ 花甲＝六十一岁
用十干十二支（参照P.48）计岁数，六十一岁，正逢还原到出生那年的干支，以此作为第二次诞生隆重庆贺。红色的长棉坎肩，不可没有，红色有驱魔之意。

◉ 古稀＝七十岁
源自唐朝诗人杜甫诗句“人生七十古来稀”。现在生年七十，已不足为奇，而在当时已是长寿。

◉ 喜寿＝七十七岁
喜字由草书“㐂”而来，是七叠加而成。

◉ 伞寿＝八十岁
伞的简略字“仐”，分解后为“八”和“十”。

◉ 米寿＝八十八岁
“米”字分解后是“八”“十”“八”。

◉ 卒寿＝九十岁
卒的简略字“卆”，分解后为“九”和“十”。

◉ 白寿＝九十九岁
“百”字去掉一，即为“白”。

◉ 百贺＝一百岁
贺的意思与祝福相同，即为祝贺百岁之意。别名又做“纪寿”、“百寿”。

赏月

仰望圆圆的皓月，供奉赏月汤团，装点上狗尾草，极具日本秋日风情。旧历八月十五，又称「十五夜」；旧历九月十三，也称「十三夜」。这一说法，不仅表达了人们对月亮的喜爱，渐渐也成为庆祝收获和祈求五谷丰登的节日。供奉品除了白薯和豆类以外，点心也是圆形的，这也是取满月的寓意。

新旧历之别

现在我们所使用的，是明治时期改订的「新历」，也是世界通用的。依据是太阳的运行轨迹，一年有365天。这之前使用的历法，称为「旧历」，以太阳和月亮运行轨迹为基准，是太阳太阴历。两种历法，新历、旧历之间有偏差，现在岁时记中的日期，与实际的季节感，常常略有不同。

糯糯香芋

只是把芋头蒸一下而已，如此朴素，却又如此新鲜好吃。圆圆的样子，恰似一轮美月。

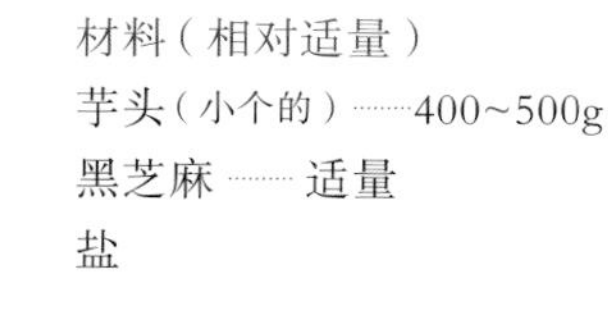

材料（相对适量）

芋头（小个的）……400~500g

黑芝麻……适量

盐

做法

1　芋头不用去皮，用刷子刷洗干净，沥干。为稳定起见，底部稍微削去一点，找平。

2　芋头上部用刀转一周，切出痕迹。

3　蒸锅水烧开后，芋头摆好，大火蒸 15 分钟。

4　取出芋头，余热消除后，去掉上部的皮。盛于器皿，撒上适量的盐。

◉ 总热量 215kcal，盐分 1.4g

赏月汤团

材料（13 ~ 15 个）
高筋面粉 ……50g
糖 …… 一大勺
开水 ……130ml

做法

1　把高筋面粉和糖放入耐热盆中，用饭板混合，加开水搅拌（①）。不太烫后，用手揉面 1~2 分钟（②），分成 13~15 等份，团圆。

2　锅中水开后，加入 1 项。不断上下翻搅，以免粘锅底，翻搅 15 分钟，捻为中小火煮。盛出，放入冰水（③）。

3　用漏勺或是筛子控干汤团水分，扇子扇一下，让汤团有光泽（④）。

较为正式的做法是：十五夜供奉十五个，十三夜供奉十三个。长时间放置，食材会变硬，故尽早食用为上。

花样繁多的粉

近年来用米做成的粉，备受欢迎，种类和制作手法也颇繁多。其中，粳米磨成的高筋面粉和糯米做的糯米粉，简单易购，更为常用。高筋面粉有米一样的弹力及咀嚼感，糯米粉则更有黏黏的特性。

①
②
③
④

给点表情更快乐

汤团上点几粒芝麻，添点表情，让汤团更具幽默感。芝麻的位置和角度，可以让表情更生动，娱乐一下吧。

◉ 总热量 589kcal，盐分 0g

铜锣烧

喷香的饼面，夹上甜度适宜的红豆沙。圆圆的形状，恰似满月。在家也简单易做，绝不会做失败的一款日式点心。

材料（6个份）

A { 低筋面粉……70g
  发酵粉……5g

鸡蛋……1个

蜂蜜……一大勺

糖……40g

若没有豆浆，可用牛奶……一大勺

植物油……少许

红豆沙（参照P.67）……150g

做法

1 A项合在一起摇匀。鸡蛋打入盆中，倒入蜂蜜、砂糖、两大勺水、豆浆，用打蛋器打匀。整体融合后，加入A项（①），搅到没有生粉状态。盖上保鲜膜（②），常温放置30分钟。

2 平锅文火加热，抹点植物油，用厨房纸巾吸一下，把油铺匀。油温之后，倒入一大勺1项（③），做成直径6cm的圆形，进行烤制。

3 面饼表面有噗噗的气孔时（④），翻面。两面烧好后，放在筛子上晾凉。剩余11张同样烧制。

4 面饼两张一组，分为六等份，中间夹上豆沙（⑤）。

① ② ③ ④ ⑤

中国称之为月饼

日本赏月吃汤团，而中国吃月饼。面饼如月之形，夹以豆沙，此外还有五仁和蛋黄馅的。以前的习俗是全家团聚，赏月之时吃月饼，而今演变为临近中秋，向关照过自己的人馈赠月饼。

◉ 1个份143kcal，盐分0.2g

十月

【神无月】

秋色宜人，天气澄和的日子逐渐增加，大家纷纷开始户外活动。体育节前后，日本各地争相举办运动会及各项体育活动。稚童和观众的喧闹，也成为秋日风情之一。而此时，农作物也开始收割。谷物、薯类、根菜、水果、干果等，正是一干作物成熟的季节。满足在秋日，报谢自然的恩典。

十月

【神无月】

这个月，诸方各神云聚于岛根的出云大社，因土地神不在而谓之「神无月」。而岛根则称为「神在月」。顺便说一下，众神相聚，乃为商酌男女姻缘之事。

1日
2日
3日
4日
5日
6日
7日
8日 寒露
二十四节气之一。夜晚气温下降，朝露凝结，气候转冷。
9日
10日
11日
12日
13日 体育节（第二个周一）
14日
15日
16日
17日
18日
19日
20日
21日
22日
23日 霜降
二十四节气之一。降霜之时，气温下降。始可感到冬天气象。
24日
25日
26日
27日
28日
29日
30日
31日

月份的别名

小春

如阳春般的温暖。“小春日和”之月。

时雨月

阵雨多发之月。

雷无月

雷鸣收起之月。

仪式

秋日祭祀，十三夜（参照 P.70）、
万圣节，观红叶

风物、天气用语

秋高气爽、秋日阵雨、
秋日之云（高积云、卷积云、积云）、
秋果（秋天成熟的果物）、黄昏、
红叶前线，新米，割稻。

花

菊花、金桂、波斯菊、
龙胆、野菊、秋日七草。

季节的问候

秋高气和之际
渐感秋意深深
喜迎硕果满枝
凉露惊秋，仲秋之际，夜长之际

【踏　　秋】

秋日来临，踏秋一词不绝于耳。意为“行于山野游赏”，春天同样说踏春。冷暖合适之际，回归自然，游玩于室外的绝佳季节。如春季赏花一样，这季节独有的踏秋之行，为“赏红叶”。远在 10 世纪的平安时代，贵族去到最美的地方观赏红叶，因喜红叶之美，庭院里也会种上几株。到 17 世纪江户时代，此举扩展到了平民，如同赏樱一样，举办宴聚，同乐同赏。

【秋　日　七　草】

此为日本独特的关爱植物的一种方式，如同春日七草（参照 P.114）一样，一直延续至今。春日七草多为食用，而秋日七草仅供观赏。胡枝子、桔梗、瞿麦、野葛、黄花龙芽、泽兰、芒草七种，各展翘楚之姿。并非年中随时可观，唯有秋季绽放光彩。因其美艳，不少文人雅客以秋日七草为题材，赋诗赞美。

踏秋便当

主食　红薯糯米小豆饭团
主菜　酥脆炸鸡
副菜　素烧小芋头
　　　凉拌水菜

乃秋日时鲜的最佳调配，在外也可享受的美食便当。盐味、甘辛味、酱油味，让你不腻的组合。

◇ 主食 ◇

红薯糯米小豆饭团

加入糯米的饭团，即使凉了，
口感一样有嚼头。
甜甜的红薯，从卖相到口感，
均可圈可点。

材料（4人份）
红薯……1根（300g）
米……一碗半（270ml）
糯米……半碗（90ml）
酒　盐

做法
1　米淘好后，泡30分钟，捞起放筛子上，搁30分钟。糯米洗净放进笊篱，搁30分钟。红薯洗净，带皮切成一口大小，用水冲净。
2　把1项的米，放入电饭锅，加一大勺酒、半小勺盐，混合搅拌，再加水至两碗米的标线。红薯擦干，放于其上，按正常煮饭。
3　饭煮好后，彻底松一下。八等分，手蘸些水，把米攥成三角形，稍撒些盐。

◉ 1人份 337kcal，盐分 0.9g

便当盒也有踏秋款

漫步山野，最适合带有提手的编织篮。除可佐助气氛，篮子适度的通风，更合乎卫生。而且，和赏花便当（参照P.17）同理，浅浅的篮筐，宜于摆放食物，故较推荐这一款。带隔板的篮筐，形状看上去更可人。

肉豆蔻

肉豆蔻科的调味料，有强烈的芳辣香燥之气。可去除鱼、肉之异味，也可用来制作面包、点心。

◇ 主菜 ◇

酥脆炸鸡

酥脆入味的炸鸡，
出行便当的绝配。
挂糊用的粉，
分两次沾后再炸，
外焦里嫩。

◉ 1 人份 358kcal，盐分 1.3g

材料（4 人份）

鸡腿肉 ……… 两只（500g）

A
- 蒜泥 ……… 半头蒜
- 酱油 ……… 大勺一勺半
- 甜料酒 ……… 半大勺
- 盐、胡椒粉，也可放肉豆蔻 ……… 各少许

鸡蛋 ………1 个

牛奶 ……… 一大勺

低筋面粉　淀粉　油

做法

1　鸡腿肉切成一口大小，放在平盘上，加入 A 项充分调匀，放入冰箱搁 1 小时。鸡蛋打碎后，加入牛奶混合。

2　把蛋液倒入 1 项混合，常温放 15 分钟。加入半杯低筋面粉和两大勺淀粉混合（①）。

3　油低温（160~165℃）加热，沥一下鸡肉汁，轻沾面粉（②）。入油炸，面衣硬后翻面，中温（170℃）炸至整体变色。火加大，炸至酥脆取出，把油沥干。

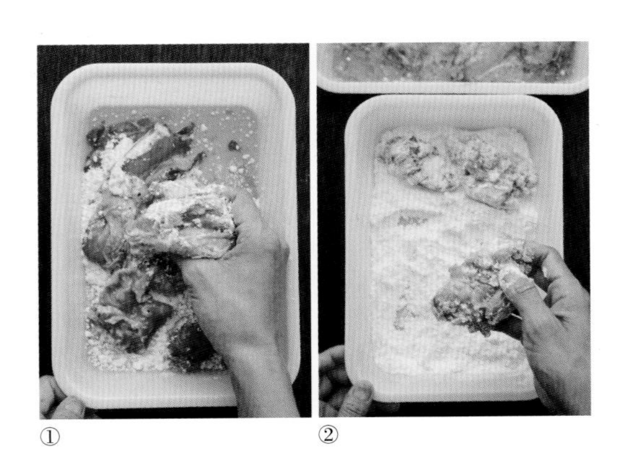

①　②

◇ 副菜◇

素烧小芋头

煮过之后，光润的小芋头，
是日本家常菜的代表之一。
上面铺上芝麻后，互相不会粘在一起，
也易于放入便当盒中。

材料（4 人份）
芋头 ……400g
汤汁（参照 P.100）…… 两杯
白芝麻 …… 大勺一勺半
酱油　糖　甜料酒

做法
1　芋头去皮，用水冲泡 10 分钟，放筛子上。
2　锅里放入芋头，倒上汤汁、2/3 大勺酱油、一小勺砂糖，中火煮（①）。铝箔纸中心挖洞，做成盖子盖在上面，煮 12 分钟。
3　锅里的汤汁煮去一半时，掀开铝箔纸盖，加一大勺甜料酒。轻摇小锅直至汤汁收干（②），关火，整体撒上芝麻。

Memo：汤汁如很多，煮熟后，加甜料酒之前，可倒去一些。

◉ 1 人份 87kcal，盐分 0.5g

①　②

◇ 副菜◇

凉拌水菜

瞬间就可做好的简单凉拌菜。
加些醋，则更入味。

材料（4 人份）
水菜 ……1 把
咸海带 ……45g
醋

做法
水菜洗净后，用厨房纸巾吸干水分，切成 4cm 长段。盆中放入水菜、咸海带，加少许醋，快速拌一下。

◉ 1 人份 11kcal，盐分 0.3g

历书上早已进入冬季。红叶如同传递信息一样，到处盛开，已从晚秋跨入初冬。季节交替，身体就能感受得到。叶子鲜红的条件是，昼夜温差要大，最低气温须低于 5℃。且日照时间要长，还需有适当的雨量。从叶子染红开始，最佳状态仅维持一周，由此可知是多么珍贵。大自然转入初冬的光景，带来日本四季之美的另一佳境。

十一月【霜月】

一天天开始步入冬季，霜降之时即称霜月。
另有十月去了岛根出云大社的诸神，
逐渐返回本地，因而又称为「神归月」。

1日
2日
3日 文化日
4日
5日
6日
7日 立冬

二十四节气之一。历法上指冬季开始之日。北国已有初雪。

8日
9日
10日
11日
12日
13日
14日
15日 七五三
16日
17日
18日
19日
20日
21日
22日 小雪

二十四节气之一。各地开始降雪，但降雪量尚不大。

23日 勤劳感恩日，新尝祭
24日
25日
26日
27日
28日
29日
30日

月份的别名

子月
种子开始孕育新的生命，“子”之月。
雪待月
等待降雪之月。
露隐叶月
落在叶上的露水变为霜，本月已为常见。

仪式

七五三、新尝祭、十一月酉日的庙会、观红叶、稻草人祭[12]、亥日祭、
打开地炉煎茶（到了冬天，首次点地炉、暖炉之日。茶道是在正月开始。）

风物、天气用语

秋风、小春日和、高积云、落叶、
返回花（小春日和时开放的反季节花）

花

山茶花、菊花、刺叶桂花、八角金盘、
茶花、槖吾

季节的问候

日复一日，寒意袭来
秋高气爽的天气，日续一日
秋意渐深
菊熏之际，深秋之际，转寒之际

【七　五　三】

为三岁男女童、五岁男童、七岁女童成长而举行的祝贺仪式。很久以前，人们认为七岁以前都属于神的孩子，神何时召唤回去，无从知晓；可见那个年代长到七岁是如此之不易。一过七岁，始被认为是现世的一员，故要举办仪式。贺喜之日，要用红豆饭招待来宾，红白千岁糖也属必不可少，千岁糖按年龄数放入口袋。

【新　尝　祭】

为农作物丰收所举行的活动。系皇宫中的仪式之一，新尝祭也是勤劳感谢日的原型。因地域而别，这种庆祝收获的仪式另有别名。如十一月中旬以后，东日本地区盛行的“稻草人祭”就是其中之一。别名“十日夜”，供奉用新米做的年糕。而在西日本，十一月初亥日举行的“亥日祭”也大名鼎鼎。亥年属猪，供奉野猪宝宝形状的年糕，取野猪多子的吉祥寓意，最为常见。

千岁糖

曾几何时，口感醇和的糖，其余味让人怀念。软软地溶化于口，唯有手工，才能完美如此。

材料（16 根）

水糖……200g

脱脂乳……160g

红曲粉……1/4 小勺

炼乳…… 两大勺

粉末砂糖…… 适量

1　耐热盆里放入 100g 水糖，不用盖保鲜膜，微波炉加热 50~60 秒。将脱脂乳 80g 和红曲粉徐徐混入（①）。

2　脱脂乳将要凝结时，放入微波炉，不盖保鲜膜加热 30 秒。整体融合后，加入一大勺炼乳，混合（②）。

3　细腻后，放在烤箱用纸上（③），晾凉。为尽快散热，可在烤箱纸下放制冷剂。

4　待成耳垂般硬度，可以从烤箱纸上分离时，撒上适量的粉末砂糖，切成 8 个长条。整体涂满粉末砂糖，抻成 15cm 长的棒状（④）。同样，剩余的材料做成白色的糖。最好放进冰箱，食材会更入味。

Memo：长时间置于常温下，糖会变软。如果太软，可放入冰箱冷却一下。

做得小些一样可爱

千岁糖做得长长的，含祈福久长之意。剩余的部分可做成小块，以方便食用。这是唯有亲自动手，可以带给你的快乐。

◉ 1 根量 90kcal，盐分 0.2g

红白的秘密在于食材

加工成白色，是因为脱脂乳的作用。而染红的秘密，在于用米曲为原料做成的红曲粉。红曲粉可以在网上买到，如用食用红色素，分量应为红曲粉的一半。

①

②

③

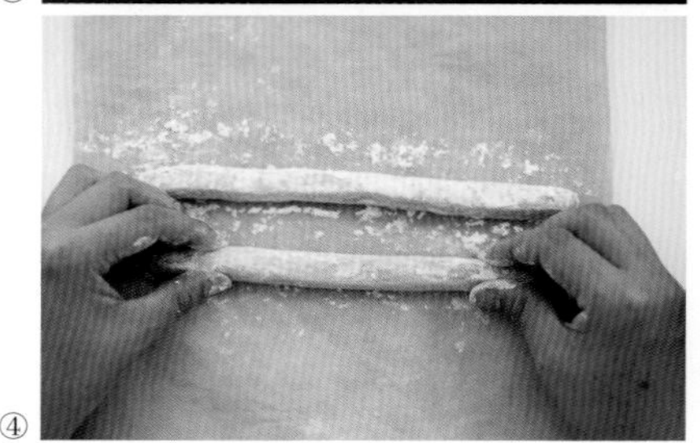

④

芋头锅

蔬菜、肉、豆制品，经过充分融合，口感超赞。两种味噌混合使用，可调配出更佳口味。

材料（4～6人份）
芋头 ……… 5个
白萝卜 ……… 5cm
胡萝卜、牛蒡 ……… 各半根
白菜叶 ……… 两三张
大葱 ……… 1根
蘑菇（金针菇、口蘑等）
……… 200g
魔芋 ……… 半张
油豆腐 ………1张
切成小片的猪肉 ……… 200g
仙台味噌 ……… 两大勺
信州味噌 ……… 两三大勺
酒　酱油

两种味噌，让口味更加醇厚

味噌以原料及成熟期来区分，市面上有很多品种。不同类型的味噌混在一起使用，不但可以加厚料理的口味，更让菜品有多种不同的口感。此处不特别指定使用哪种味噌，仙台味噌咸味更重，而信州味噌更醇和。

做法

1　芋头去皮，切成适当大小。胡萝卜、白萝卜去皮，切成7~8mm厚的半月形。牛蒡把皮洗净，切成细条过水。白菜帮用刀片成适当大小，菜叶切大块。大葱斜切为1.5cm长的段。金针菇去掉根部，切成两半，根部打散。口蘑去掉根上泥土，掰成小块。魔芋过水焯一下，稍凉后，撕成小块。油豆腐竖着切成两半，横过来切为2cm宽的块。肉切成适当大小。

2　把芋头、白萝卜、胡萝卜，以及从水里捞出的牛蒡放入瓦锅，水加到漫过食材的高度，放两大勺酒，开中火。

3　开锅后，火捻小，放入肉、魔芋、蘑菇。再次开锅后撇沫，锅盖斜盖一半，食材煮熟后再烧10分钟。

4　倒入调开的味噌，加一大勺酱油。开锅后放入白菜、大葱、油豆腐，锅盖斜盖一半，白菜再煮两三分钟。

烧法和味道，因地域不同而有差别

在河滩边围炉吃芋头锅，称为芋头会，也是晚秋的一景。东北、关东北部、新潟等地，较为流行。其中山形县的芋头会历史最悠久。传说，江户时代船夫利用等待收货的时间，做起了芋头锅。芋头锅里必不可少的是芋头，肉可以用牛肉、猪肉、鸡肉，根据地域特色而不同。口味有酱油味、味噌味、又咸又甜的酱油味，丰富多样。因有庆祝丰收之意，有些地方始于九月，到十一月是高峰，这种仪式可以一直持续到下雪。

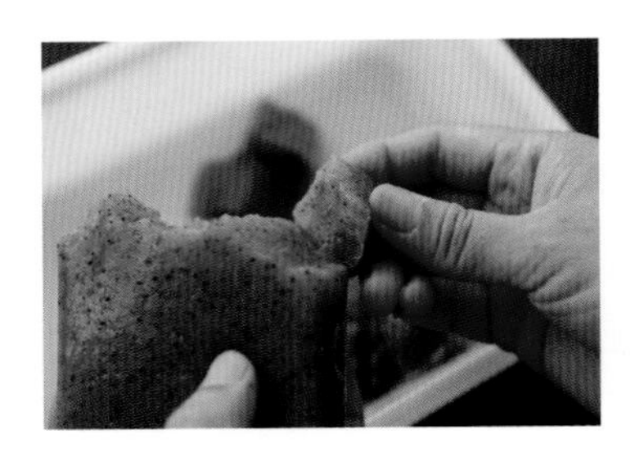

◉ 1/6量 207kcal，盐分 2.0g

黄油烤红薯

材料（3根）

红薯……3根（约900g）

黄油……适量

做法

1 烤箱设为160℃预热。红薯洗净擦干，每根单独用铝箔纸包好（①）。

2 红薯放在烤盘上，置入烤箱中层（②），用160℃烤90~120分钟。

3 用竹签扎一下，能很容易穿透，即可出炉（③）。可抹上黄油食用。

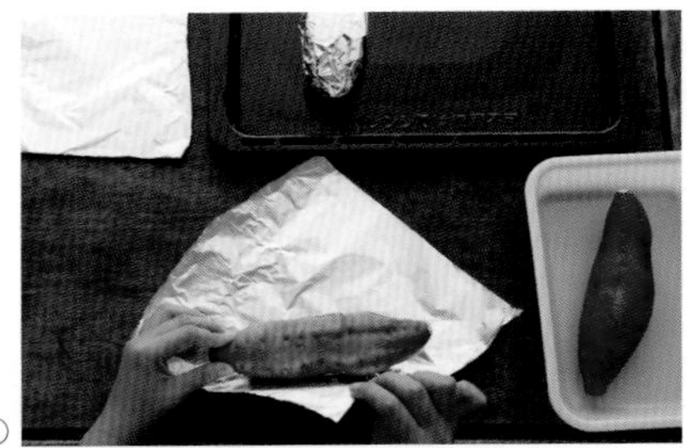
①

②

③

烫烫的烤红薯，加入一方黄油，会软软地融化在内。用烤箱慢慢烤，红薯原本的甜味会烤得更加香浓。

红薯的品种繁多

近年来市面上出现多种红薯。“白薯”的薯心为淡白色，一般不作料理的食材。“红薯”的特性是加热后，薯心呈金黄色，甘甜松软。新品种“甘薯”，是种子岛[13]的特产，比红薯还甜，且有黏性。无论哪个品种都较适合烘烤，可以酌情使用。

◉ 1根471kcal，盐分0.2g

十二月

【师走】

到了年终总结的时候了。进入十二月，忘年会呀，岁末年初的准备工作呀，会被即将来临的事情牵扯很大精力，时间过得格外的快。严冬寒意倍增，时感冷风簌簌。又到了让人恋慕热气腾腾饭菜的时候了。能让身体暖和起来的，不可不提冬至的柚子浴。柚子浴有袚除邪气之效，在柚香环绕中，优哉游哉，可以慢慢泡。

十二月【师走】

一般称「师」隐指「僧」，为了去各处诵经，「师傅奔走于各家之月」，是为「师走」。顺带说一下，奔走，为疾步行走之意。

1日
2日
3日
4日
5日
6日
7日 大雪

二十四节气之一。山间已显出冬天的本色，积雪皑皑，平地上亦是白雪覆盖。正如字面所示，天降大雪之际。

8日
9日
10日
11日
12日
13日 正月准备

平安时代沿袭下来的风俗，此日开始进入正月的准备工作。现在也有很多寺院、神社在这天进行扫除。

14日
15日
16日
17日
18日
19日
20日
21日
22日 冬至
23日 天皇诞辰
24日
25日
26日
27日
28日
29日
30日
31日 大晦日，除夕祓除

从「夏季祓除」（参照P.36）至今已过去半年，该再次清除污秽，洗清罪孽；参拜神社，净身除孽。

十二月风物

月份的别名

极月

年终之月

暮古月

一年即将过去的一个月。

腊月

新年与旧年交接之月。

仪式

岁末、正月准备、圣诞节、
大扫除、大晦日、除夜之钟、除夕祓除

风物、天气用语

日照时间短、寒潮、初雪、
飞雪（晴天，下如同花瓣般飘零的素雪）、
冬天树木枯索荒芜（树叶凋零的寒冬景象）、
枯草、汤婆子、霜柱、冷锋

花

水仙花、山茶花、枇杷花、叶牡丹、
南天竹的果实、报春花

季节的问候

又到了朔风萧瑟之际
岁末年初，又开始进入繁忙时期
初冬之际，寒冷之际，师走之际

【冬至】

“冬天到了”的日子。二十四节气之一，北半球昼短夜长。太阳角度压低，能量变弱，古时每逢此日，均要消灾祈福。有种说法，冬至吃南瓜，可以增强生命力。而柚子浴，也是冬至必行之事。据说，柚子的馨香可以祓除灾难。实际上，无论南瓜还是柚子，都富含维生素C，可以增强抵抗力，此亦是生活之正道。

【晦日】

此月的最后一天，也可称为“晦日”。十二月是一年中的最后一月，最后为“大”以示区别。大晦日这天，除夕荞麦面，是必不可少的，源于江户时代，有晦日吃荞麦面一说，现在只大晦日保留吃荞麦面的习俗。另外，大晦日这天，神社千灯长明，观元旦日出而归，是为“大晦”。最重要的是不可睡觉，传说如果睡觉，会头发变白，褶皱横生。

从兄弟杂烩煮

材料（4人份）
南瓜 ……… 1/4个（约450g）
煮红豆（可用罐装，加糖）………150~200g
糖　盐　酱油

做法

1　南瓜去掉絮和子，适当去皮（①），切成合适大小。

2　锅中放入南瓜，加水150~180ml，加砂糖大半勺~1勺，盐1/4勺。大火煮开，用烤箱纸做的盖盖上（②），文火煮5~10分钟。

3　南瓜变软后，加入煮红豆（③），一小勺酱油，混合好，再文火煮3分钟。

简单易做的煮南瓜，加红豆以点缀，让人眼前为之一亮。隐而不显的咸味，朴素好吃，其味无穷。正是冬至餐桌上的亮点。

西洋南瓜和日本南瓜

同属蔬菜，店里看到的多为西洋南瓜。西洋南瓜又称为栗瓜，特征是松软甘甜。日本南瓜表面沟槽深重，水分充足。哪种都可以做兄弟煮，用西洋南瓜，煮后不会出那么多水。

兄弟、亲子，料理名字就如此有趣

“兄弟煮”的名字，由来说法繁多，其中流传最广的，由食材的坚硬度而来，即为“从兄弟”杂烩煮。类似的还有鸡肉和鸡蛋做的盖饭，因鸡和蛋的关系，称作“亲子盖饭”，而用鸡肉以外的肉做成的盖饭，叫作“局外者盖饭”。在京都，烧豆腐和油豆腐烩制的合菜叫“夫妇煮”。性情相投，口味相容，幽默如此，令人会心一笑。

◉ 1人份190kcal，盐分0.7g

除夕荞麦面

脆脆的天妇罗盖在荞麦面上，让一碗荞麦面华丽登场，一年的岁月不是可以荞麦面来圆满结束么。调配以鲜美的汤汁，口感清爽。

材料（两人份）

荞麦面（干面）……160g

油菜……1/3 把

鱼糕（8mm 厚）…… 两张

牛蒡……1/3 根

胡萝卜…… 半根

虾米…… 一大勺

汤汁（参照下面）…… 三杯半

A
- 酒…… 一大勺
- 酱油…… 两小勺
- 淡口酱油…… 一小勺
- 盐…… 一小勺

低筋面粉　油

荞麦面也寓吉祥之意

荞麦面又细又长，让人联想为长寿，是大晦日的吉祥食物。另有一说法，很久以前，做金银手艺的工匠用过水的荞麦面粘起散落的金粉，称作“聚金”，也是钱财的象征。

①

②

做法

1　牛蒡把皮洗净，切成细条过水，放在筛子上沥干水分。胡萝卜去皮，切成 7~8cm 长的细丝。一起放入盆中，加上虾米、两大勺低筋面粉、一大勺水进行混合（①）。可以加入适量面粉，直到淡淡的白色附着在根菜上。

2　油中温（170℃）加热，用勺子搅起 1 项，轻轻放入锅内（②）。直至水分去尽，炸至酥脆，捞起沥干油分。

3　油菜去蒂，在根上划十字纹，一分为四。洗净后放筛子上沥干水分。

4　深底锅加满水煮沸，油菜焯后过水。切为 5cm 长短，轻轻挤掉水分。之后水中放入荞麦面，按包装袋上的要求煮熟。

5　另一只锅中，放入汤汁，中火加热，开锅后放入 A 项调味。碗中放入荞麦面，浇上汤汁，依次把油菜、鱼糕、炸天妇罗等均匀放上。

●汤汁的做法

从海带和鲣鱼干中，提取简单而万能的和式汤汁。

海带最好在水中浸泡 30 分钟以上，这样比较好出汁。

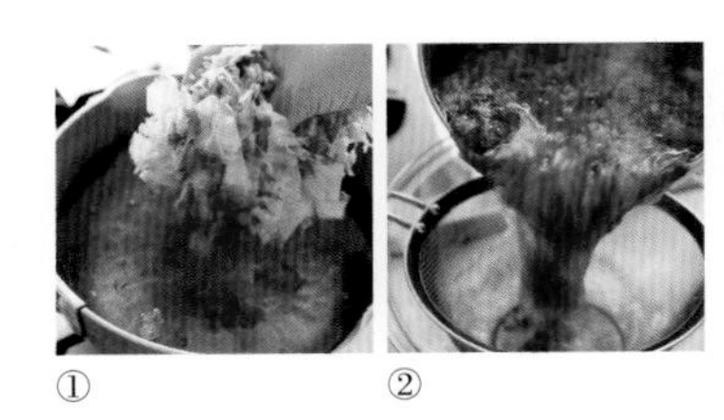

①　②

材料（约 6 杯）

海带（5cm 见方）…… 两张

干松鱼片……1 把（13g）

做法

1　锅中放入海带和 6 杯水，文火加热。即将开锅时，取出海带，加入干松鱼片（①）。

2　再加入一杯半水煮开，用极细的笊篱筛一下（②）。不用挤干松鱼片，可自然出汁（挤干的话，汤汁会有杂味）。

Memo：做法 1 项，如不放干松鱼片，即为海带汤汁。

◉ 1 人份 375kcal，盐分 5.3g

年饭

本来用在民俗大节上。是指逢五大节日，给神祇上供的料理，现在仅用在正月。新年迎神之际，除杂煮以外的饭菜，不可以点火扰乱，这也可以让平日繁忙的女性正月头三天得以休息。年饭可以存放数日，不愧为智慧的体现。装年饭的套盒，传统为五层或四层，近年来三层渐为主流。第一层是庆祝菜肴，主要是下酒菜，二层是烧烤菜，三层是炖煮菜。套盒寓意在喜事连连，因此不光菜肴，连容器也富含吉祥之意。

用祝福筷子让人精神焕然一新

祝福筷子，是指正月头三天吃年饭所用的筷子。筷子的特征是两头尖细，并不是说吃饭时因菜品不同而分别使用，而是有一头要留给诸神使用。与神共食，以示正宗。一般来说，筷子的材料，从吉祥角度出发，常选柔韧而不易折的柳木。而择取筷子套的图案，更是乐趣无穷。图案可选当年的干支、“寿”字，所描绘的图案，或可模仿花纸绳，等等，样式极为繁富。

祝福肴

与屠苏酒一起吃的菜肴，也称一口肴。这是宴前先吃的小菜，吃法并无特别规矩，因有三种口味，也称三口肴。地域不同，菜品的组合也不同。

祝福肴（关东式）

~黑豆、田作、干青鱼子

祝福肴（关西式）

~黑豆、敲牛蒡煮、干青鱼子

※黑豆或是干青鱼子，或可换成田作

黑豆

寓意一年中
越"勤劳[14]"越健康。

材料（相对适量）
黑豆……250g
小苏打……半小勺
糖　酱油　盐

做法

1　洗净黑豆。将2升水在厚底锅中煮沸，加入125g糖、两大勺酱油、大半勺盐、小苏打，如有锈铁钉[15]，可放入一起搅拌，直至糖融化后关火。加入黑豆（①），搁置一宿。

2　锅再次用大火煮沸，撇沫（②）。加半杯水再煮沸，撇沫。如此操作，再来两次。

3　把烤箱用纸很好地附在豆上，盖上锅盖（③），文火煮3小时。

4　豆可捏软时，放入125g糖，直至糖融化时关火。晾一下，浸味。

Memo：连同汤汁一起装入密封容器，可保存一周。

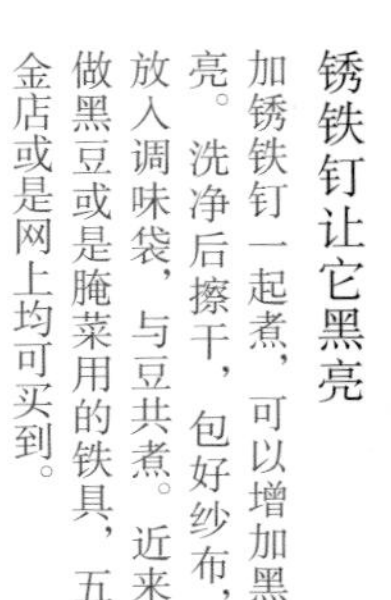

锈铁钉让它黑亮

加锈铁钉一起煮，可以增加黑亮。洗净后擦干，包好纱布，放入调味袋，与豆共煮。近来做黑豆或是腌菜用的铁具，五金店或是网上均可买到。

①

②

③

◉ 总热量135kcal，盐分7.1g

田作

沙丁鱼干，
是把小沙丁鱼晒干
而成。
以前用作田里的
肥料，因与农作
相关，故得此名。

材料（相对适量）
沙丁鱼干……60g

A ｛ 酒……半杯
糖……两大勺
酱油……一大勺多些

做法

1　沙丁鱼干放入炒锅，小火炒3~4分钟（①）。沙丁鱼干边缘呈淡茶色后，放入方盘。依炒锅大小，可分三四次炒。热的时候鱼干很软，一旦冷却，干脆易折（②）。

2　炒锅洗净，擦干，倒入A项大火搅拌（③）。用木铲不断搅动，直至起大泡，再加入鱼干（④），关火，拌好。

3　方盘上铺好烤箱用纸，倒入2项（⑤），晾凉。

Memo：放入密封容器冷藏，可保存一周。

①②③

④

⑤

◉ 总热量394kcal，盐分6.1g

干青鱼子

腌好的青鱼子。
青鱼子繁多，
寄寓子孙繁茂的
美好祝愿。
盐水泡过后，
去除盐分，
让干青鱼子充分
吸取汤汁的美味。

材料（相对适量）

干青鱼子（盐腌）……4 ~ 5 根（200g）

A
- 汤汁（参照 P.100）……半杯
- 淡酱油……大勺一勺半
- 酒……一大勺

按喜好可加干松鱼片……适量

盐

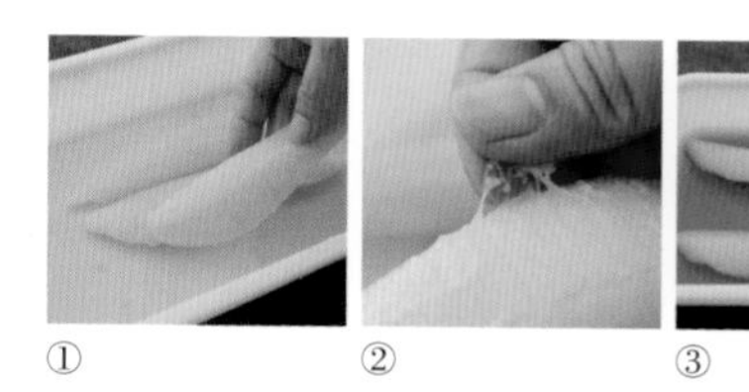

① ② ③

做法

1 容器中放入盐水（水两杯半与盐半小勺混合），浸入干青鱼子（①）。常温放置半天至 1 天，倒去盐水，换为淡水再泡 1 小时。

2 把 A 项倒入小锅，中火煮沸，关火，晾凉。

3 剥去青鱼子上的薄膜（②）。觉得难剥，水下冲洗会较易剥离。把 2 项倒入容器，青鱼子浸泡于内（③），冰箱冷藏一晚。吃时可去除汤汁，切成适当大小，盛盘。也可根据个人喜好，撒些干松鱼片。

Memo：连同汤汁一起放入密封容器冷藏，可保存一周。

◉ 总热量 198kcal，盐分 4.6g

敲牛蒡煮

生活恰似牛蒡，
细细长长，
一道祈福的
简朴菜肴。
敲一敲牛蒡，
有裂纹，更可入味。

材料（相对适量）

牛蒡（小）……1 根（200g）

A
- 白芝麻……三大勺
- 酱油……一大勺多
- 甜料酒……一大勺
- 醋……一小勺

盐　醋

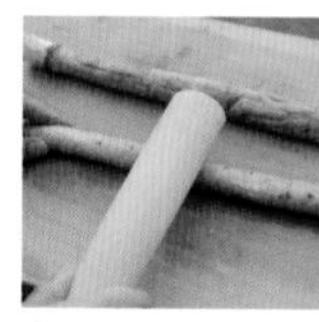

①

②

③

做法

1 用刷子刷洗牛蒡，去泥。不去皮，用棒槌敲打牛蒡，敲出裂纹（①），切成 4~5cm 长短。

2 把 A 项的芝麻倒入蒜臼，捣成颗粒般碎即可。倒入 A 项的其他剩余物混合。

3 锅中水中火煮沸，加入盐、醋少许，倒入牛蒡（②）。煮开后，再煮 1 分钟，倒进笊篱，沥干。

4 趁热把牛蒡倒入蒜臼，与调料混合（③），晾凉。

Memo：放入密封容器冷藏，可保存一周。

◉ 总热量 350kcal，盐分 2.8g

伊达煎蛋卷

材料（相应适量）
鸡蛋……5个
鱼肉饼（大）……1张（120g）

A
- 糖……两大勺
- 甜料酒……一大勺
- 酒……大半勺
- 酱油……一小勺
- 盐……少许

植物油

鱼肉饼便捷易做

通常把白肉鱼用蒜臼捣软，加入鸡蛋和调料混合而成，而市场上有了鱼肉饼后，省时省力了许多。材料以白肉鱼为主，做出的料理也正规了。

做法

1 鸡蛋打好，与A项一起放入食物搅拌器，鱼肉饼撕小块一起加入（①）。盖盖搅拌，充分搅匀（②）。

2 直径26cm的平锅中，倒入1/3小勺油，用厨房纸巾抹平，徐徐倒入1项。盖上盖（③），文火烧18分钟。用竹签刺一下，签上不沾蛋液即可。蛋饼扣在翻过来的锅盖上（④）。

3 蛋饼呈圆形，上下部分切去。烧烤面朝上，趁热放在竹帘上，切下多余的部分放在靠近自身一边（⑤）。

4 切下去的部分做心，用竹帘把蛋卷牢牢卷起（⑥、⑦）。抽出竹帘，蛋卷再次放在竹帘上，再卷一次。拿两根橡皮筋固定好竹帘（⑧），放至完全冷却。

Memo：放入密封袋，置于冰箱冷藏，可保存5日。吃时自行切开。

伊达政宗[16]的大爱食物，有说是因为卖相华丽（伊达[17]嘛），由来众说纷纭。而「卷」字让人联想到书卷，也有文化、学业之意。

◉ 总热量628kcal，盐分4.3g

杂煮

起源自供奉品，各种辅料和年糕一起煮，是标准的正月料理。因地域、家庭的差别，杂煮类品种繁多，着实有趣。在此仅介绍东西部两种最具代表性的杂煮。

关东杂煮

酱油味高汤，配以烤好的方形年糕，此为主流。鸡肉、根菜、油菜、鱼糕，是常用的配料。

材料（两人份）

切片年糕（方形）…… 两块
鸡腿肉 …… 半只
白萝卜（1cm 厚）……1 块
胡萝卜（3cm 长）……1 条
油菜 ……1 棵
鱼糕（8cm 厚）…… 两块
汤汁（参照 P.100）
…… 两杯半
鸭儿芹 …… 4 根
按喜好可加入柚子皮 …… 适量
盐　酱油　酒

做法

1　鸡肉切小块，少盐，腌制 15 分钟。白萝卜和胡萝卜去皮，切成易食用大小。鸭儿芹每两根打个结。年糕按喜好，在烤箱里烤一下。

2　锅中水煮沸，放入白萝卜和胡萝卜，焯一下，取出。油菜再倒入锅中，焯好放到笊篱上。余热散去后，挤去水分，切为 4~5cm 长短。鸡肉擦干水。

3　锅冲洗干净，倒入汤汁煮沸，倒入鸡肉、白萝卜、胡萝卜煮开，火捻小，撇沫。再煮 1~2 分钟，加入两小勺酱油、大半勺酒和半小勺盐调味。

4　把年糕、鱼糕放入木碗，倒入 3 项的配料和汤。点缀上油菜、鸭儿芹，按喜好放上柚子皮。

◉ 1 人份 276kcal，盐分 3.0g

关西杂煮

白味噌加上圆年糕饼，
这是最常见的。
年糕烤不烤均可，
美味自各不同。
稠稠浓浓的味噌汤，
就这样慢慢渗入身体。

材料（两人份）

圆年糕饼 …… 两个
烤豆腐（1cm 厚）……1 块
白萝卜（1cm 厚）……1 块
胡萝卜（最好是红皮胡萝卜。2cm 厚）……1 块
芋头 ……1 个
海带汁（参照 P.100）
…… 两杯多
鸭儿芹 …… 适量
白味噌 …… 三大勺
淡酱油 …… 半小勺

做法

1　烤豆腐一切为二。白萝卜和胡萝卜去皮，切为薄半月形，或扇形。芋头去皮，竖着一切为二，个头大的竖着切为 4 份。年糕按喜好，在烤箱里烤一下。鸭儿芹摘下叶瓣。

2　锅中倒入与芋头同样高的水，中火煮至沸腾，转为文火，再烧 3~4 分钟，放进笊篱。换水煮一下白萝卜和胡萝卜，同样放进笊篱。

3　锅洗净，倒入海带汁，中火烧开。沸腾后转文火，倒入芋头、烤豆腐、白萝卜和胡萝卜。煮 1 分钟后，放进白味噌和淡酱油调味。

4　把年糕放进木碗，倒入 3 项的配料和汤，以鸭儿芹点缀。

要用圆年糕？

关东用方形，关西用圆形，这是江户时代定下的格局。相对于要把年糕一一团成圆形，不如直接切去四角，做成方饼来得快，据推测，急性子的江户人，可能觉得此法更便捷。

◉ 1 人份 195kcal，盐分 2.3g

一月

【睦月】

跨过一年，无论年岁多大，总会觉得又新鲜、又严峻。遗憾的是，随着时代变迁，各种仪式、规矩，渐渐被人淡忘，而一月，从古延续下来的风俗还有不少留在大家的记忆中。杂煮、年饭、正月装饰、压岁钱、新年参拜，等等，保留着很多唯有一月适用的词语。“恭贺新禧”，年初的问候，也是值得珍惜的日语词之一。

一月【睦月】

探亲访友，亲人间和睦相处，睦月由此得名。另外，一月其实是水稻初次入水之月，亦称「实月」，只是汉字变得不同了而已。

1日 元日、元旦

指的是一月一日早上。「元」意为最初，「旦」是会意字，指太阳（日）从地平线（一）升起。

2日

3日

4日

5日 小寒

二十四节气之一。数九寒冬「进入寒冷」之日。到立春的前一天（节分），统统在「寒之内」。

6日

7日 人日节

8日

9日

10日

成人日（第二个周一）

11日 镜饼

12日

13日

14日

15日 小正月

正月里来的诸神返回之日，小豆汤是必备的。一月一日为正月之始，一日至七日叫「大正月」，十五日为「小正月」。有慰劳大正月时一直忙碌的女性之意，也称为「女正月」。

16日 归省

江户时代，用人可以回家归省的休息日。此外7月16日亦然，为当时用人一年两次的返乡时节。

17日

18日

19日

20日

21日 大寒

二十四节气之一。冬天最后的篇章。是一年中最冷的一日。

22日

23日

24日

25日

26日

27日

28日

29日

30日

31日

1月17日~2月3日 冬的土用（参照P.45）

一月风物

月份的别名

太郎月

事物最初的一个月。

早绿月

树枝或土地上萌芽泛绿之月。

初空月

新年来头一次天空辽阔无比之月。

仪式

屠苏、初梦、新年出行、新春开笔、参拜神社、压岁钱、人日节、七草、镜饼、灰雀符[18]（来自菅原道真的祓除消灾仪式）

风物、天气用语

初日、小寒、赏雪、冻伤、雪人、春临（意味着春天已相去不远）、结冰、冰柱

花

福寿草、紫金牛、寒牡丹、小叶山茶、草珊瑚、朱砂根

季节的问候

寒冬腊月，一向可好

新的一年开始了

谨贺新春

新春之际、寒冬之际、大寒之际

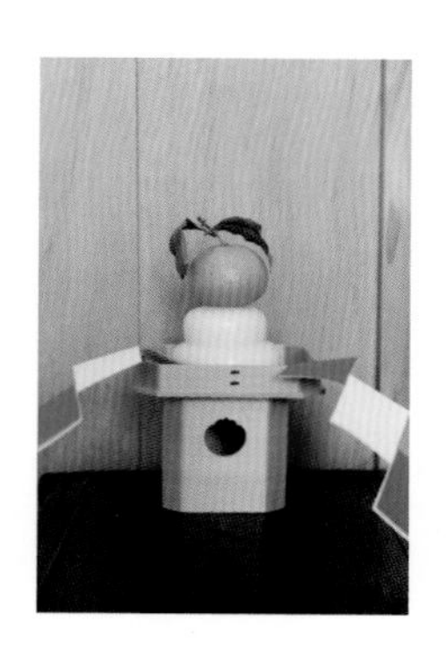

【人日节】

五节日之一。“人日”，望文生义，即人之日。一月一日为鸡，二日为狗，依次以家畜充任，以示重视六畜，恰逢七日为人，祈祷无病无灾。此为中国传来的习俗，七日各以七种菜为主，煨汤后食用，祓除邪气。恰日本在七日有食新芽的习俗，和汉俗两相结合，便有了现在的“七草粥”。而且，正月欢快的气氛尚存，这也是祈祷一年平安的神圣之日。

【镜饼】

切开正月上供的镜饼，放进小豆汤里一起煮食。作为一种仪式，是祝福全家一年当中圆满平安。镜饼得名于圆圆扁扁的形状。一种说法是镜饼上附有神灵，正式的做法，是用木槌或铁锤敲碎。吃的时候，不可用刀切，在武士社会，容易与切腹发生联想。

七草粥

用蔬菜熬成的一款简单粥品，有温和肠胃之效。加入焯过的青菜，杂味尽去，口感清爽。

材料（两人份）
七草……1包（100g）
米……半碗（90ml）
汤汁（参照P.100）……两杯
盐

做法

1　米淘净后放进筛子，搁置30分钟以上。厚底锅中放入米、汤汁、一杯半水、半小勺盐，中火加热（①）。开锅后，火捻小，盖子斜盖，不用搅拌，焖25~30分钟。

2　萝卜和大头菜去皮，切为薄片或是扇形。水烧开后，放些盐，萝卜和大头菜煮至透明，放入笊篱。用同一锅水接着焯青菜，过水。拧干水分后，切段（②）。

3　用勺从锅底搅起（③），加入七草（④），混合好后，关火。

①

②

③

④

春天的七种草予人活力

水芹、荠菜（护生草）、鼠曲草（菠菠草）、繁缕草（鹅肠菜）、宝盖草（珍珠莲）、大头菜（芜菁）、萝卜（白萝卜）七种嫩芽。食七草，是因大地冰封，唯有此七种植物生根发芽，暗示一种旺盛的生命力。

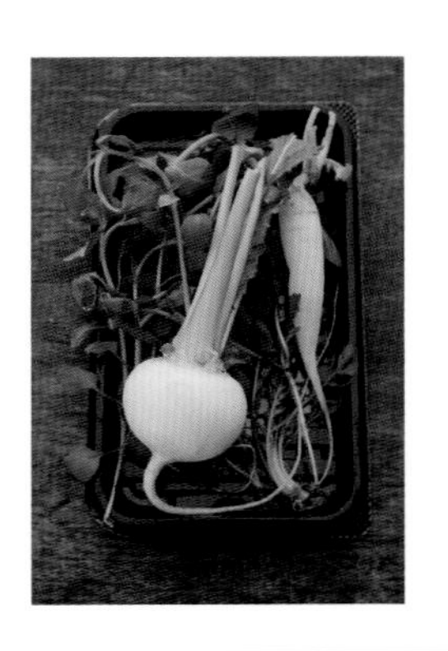

◉ 1人份74kcal，盐分1.0g

炸年糕片

切好的年糕，风干后烹炸食用。刚出锅的，口感酥脆，让人心生感动。

材料（相应适量）

切好的年糕（糯米、玄米、豆、艾草、黄米等个人喜好的口感）……8段
盐……适量
油……适量

做法

1　年糕横切成1cm厚，在笊篱上摊开。放在阳光充足、通风好的地方，风干1~5天。想要黏糯口感的，以晾晒1天为好。想要口感香脆，晾晒3~5天，晒干即可。

2　油从低温到中温（160~170℃）加热，加入1项，中火烹炸。时常翻动，稍变色、膨胀起来，即可取出。控好油，余热散尽再撒盐。

Memo：盐也可用红紫苏粉代替。炸年糕片，很容易沾上油味，因而尽量使用新油烹炸。

年糕块的别样姿态

一般来说，年糕块除白色的之外，我们还有许多其他种类上的选择。玄米年糕、豆制年糕，炸成年糕片后，喷香四溢；而加入艾草和黍子，揉在一起的味道，也是别具一番风味。尝一尝，和白年糕比一比，不是更有乐趣吗？

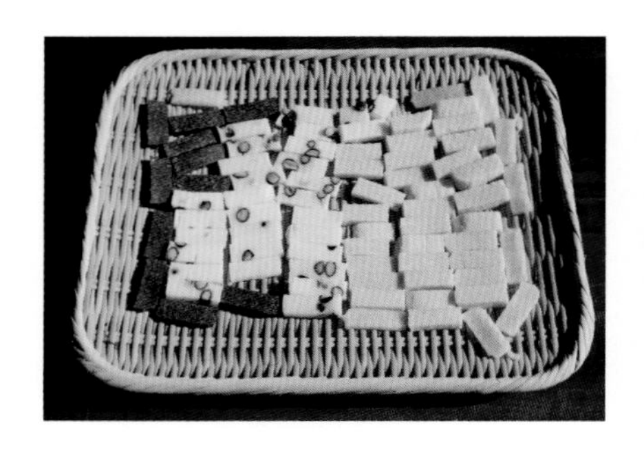

稍事用心，即可做成冬日里的手信

新年，多是亲友欢聚之日。简单易做的炸年糕，既可作为点心，也可当作手信。小盒子里铺上烤箱用纸，放上年糕片，或是放入油纸袋馈赠，都可聊表一片心意。

◉ 总热量1341kcal，盐分3.5g

红豆粥

米不淘即煮，可得到糯糯的口感。含在口里，红豆质朴的味道，在口中淡淡漫开。强烈推荐作为小正月的早饭。

材料（相应适量）
红豆……50g
米……半碗（90ml）
切好的年糕……1段
盐

做法

1　红豆淘好，倒入锅中，水加到没过豆子，中火烧开。沸腾后，倒进笊篱（①）。

2　再把红豆倒入锅中，加4杯水，中火烧至沸腾，捻为小火。开盖煮40~50分钟（②），红豆变软后，把豆与汤分开。汤需保留。

3　厚底锅里放入米和5杯水（③），开盖，文火烧煮。中间不要搅拌，每当滚开，不时需调整火量，熬煮1小时。年糕切为1.5cm的四方形。

4　把红豆、红豆汤三大勺、年糕及半小勺盐加入3项（④），煮5分钟。年糕变软后，关火，盛入器皿。

①　②

③　④

要是有专用粥锅的话

要想烧好粥，最好用厚底锅或瓦锅，不但火的传导方式比较柔和，保温性能也相当不错。圆圆的专用粥锅，不仅烧粥时不易粘锅，加热时热力也分布均匀。

红豆可以祛邪

红豆因外壳红色被认为可以祓除邪气，在各种仪典上频繁出现。红色因阳光透亮，人们觉得可以避祛妖魔。这种说法来自中国。在日本，红豆、大米、大豆等，原作为重要的农作物而出现。后来发现，红豆中富含维生素和食物纤维，被视为优秀的营养素来源。

◉ 1/6量92kcal，盐分0.6g

二十四节气

与季节相对应，一年作二十四等分，以此命名。古代中国，基于太阳运行，及季节感的不同，把每个节气定为十五天左右。

立春（2月4日左右）
历法上开始进入春天。从立春起，至立夏前，皆视为春天。

雨水（2月19日左右）
天气渐暖，雪转为雨，冰融化为水。

惊蛰（3月6日左右）
春天的味道更浓。冬眠动物苏醒，开始在暖和的大地上活动起来。

春分（3月21日左右）
分者半也。春分者，阴阳相半也。春分，与常说的秋分相对应(参照P.65)。

清明（4月4日左右）
万物皆清洁而明净，故谓之清明。

谷雨（4月20日左右）
春雨润大地，百谷因雨而生的时期。

立夏（5月5日左右）
历法上夏天的开始。新绿欲滴，万物成长，始觉初夏。

小满（5月21日左右）
草木繁茂，小麦开始包浆。夏季作物开始进入植苗期。

芒种（6月6日左右）
插秧之际。“芒”是稻种壳上长针样的细芒。

夏至（6月21日左右）
北半球最为昼长夜短的日子。

小暑（7月8日左右）
梅雨初歇，暑热登场。小暑起到大暑，天渐炎热，称为暑热。

大暑（7月23日左右）
历书上记载，一年中最为炎热的节气。

立秋（8月8日左右）
历法上这一日标志着秋天的开始。此日以后的炎热，称为残暑。

处暑（8月23日左右）
处，止也。暑气至此而止矣。暑热消退。酷暑终于告终。

白露（9月8日左右）
黎明时露水挂枝，可感知秋日的到来。

秋分（9月23日左右）
昼夜长度均分相等。秋分，与常说的春分相对(参照P.65)。

寒露（10月8日左右）
露气寒冷，将凝结也，气候转冷。

霜降（10月23日左右）
降霜之时，气温下降。始可感到冬天的气象。

立冬（11月7日左右）
历法上指冬季开始之日。北国已有初雪。

小雪（11月22日左右）
各地开始下雪，但降雪量尚不大。

大雪（12月7日左右）
山间已显出冬天的本色，积雪皑皑，平地上亦是白雪覆盖。正如字面所示，大雪茫茫之际。

冬至（12月22日左右）
北半球昼最短夜最长的日子。

小寒（1月5日左右）
数九寒冬，“进入寒冷”之日。到立春的前一天(节分)，统统在“寒之内”。

大寒（1月21日左右）
冬天最后的篇章。是一年中最冷的一日。

杂节

日本特有的历法，以农耕为基准，作为二十四节气的补充。比起二十四节气，更多地结合了日本风土情况，可以更好地把握季节的转换。在此特介绍八个代表性的杂节。

节分（2月3日左右）
立春的前日。原本是季节交替之意，各为立春、立夏、立秋、立冬前一日，现在只留有立春的前日。

彼岸（3月21日的春分，和9月23日的秋分，夹在中间的日子，各自七天为周期）
彼岸，源自佛语：“那边的世界”，“生死的彼岸”。彼岸，也是逝者灵魂回归之处。此时，会供奉佛坛，返里扫墓。

社日（最临近春分和秋分的戊日）
参拜土地公公的日子，春为“春社”，秋为“秋社”。春天祈祷五谷丰登，秋天感谢岁物丰成。

八十八夜（5月2日左右，从立春算起第八十八天）
过了此日，再无霜降，可以放心开始农耕。“八十八”，用一字书写，即为“米”字，也被称作农耕重要日子。

入梅（6月11日左右。农历芒种后的壬日）
历法上进入雨季，恰巧是梅子变黄，渐渐成熟之时，因而得名。因与农作物收割相关，有必要了解进入雨季的时间。

半夏生（7月3日左右。夏至后的第十一日）
田耕结束的标记。“半夏”是草药半月莲，因其在此时期生长而得名。

土用（指立春、立夏、立秋、立冬各往前推算十八天）
中国古代所说，万物皆由木、火、土、金、水五行构成，此间，每逢土的时期，即为土用。一年四次，现今，立秋前，夏季的土用最为活跃。

二百一十天（9月1日左右。立春后第二百一十日）
稻穗开花。农业上，此时与收成关系重大。在此季节，台风暴雨席卷的可能性相对较高。为避免受灾，常举行“风祭”，驱赶风灾，祈祷丰收。

二月

【如月】

身体尚感觉异常寒冷，而历法上已进入春季。漫长的冬天就快过去，草木即将复苏。即使到了一月下旬，还可称为正月，而到了二月，一切不得不按部就班，回归正轨了。虽然如此，仪式的调节，才让平稳恬静的日子更有活力。说起二月，不得不提的是节分。二十四节气中，春天到来之前，如月，是被除邪气、唤起一年幸福的重要起始。

二月

【如月】

由于春天临近，阳气上升而得名的「阳气始上」，以及天寒地冻，还需多加衣物取暖而来的「岁寒加衣」等说法，还保留在现在的日本汉字里。

1日
2日
3日 节分
4日 立春

二十四节气之一。历法上开始进入春天。从这日起至立夏前，皆视为春天。

5日
6日
7日
8日
9日
10日
11日 国庆
12日
13日
14日
15日
16日
17日
18日
19日 雨水

二十四节气之一。天气渐暖，雪转为雨，冰融化为水。

20日
21日
22日
23日
24日
25日
26日
27日
28日

月份的别名

小草生月

枯草萌芽之月。

梅见月

看梅见花的好季节。

木芽月

树木枝芽新发之月。

仪式

忌针日、札幌冰雪节、情人节、
梅花节、二日灸（二月二日针灸日）、初午

风物、天气用语

黄莺、春浅、树芽、
东风（春天，东边吹来的风）、
春日光（虽仍寒冷，阳光已可感知春日）、
下萌（早春时，出土的嫩芽）

花

梅花、山茶花、阿拉伯婆婆纳、
蜂斗叶的花茎、木瓜、金缕梅

季节的问候

不知不觉间，梅花已香
这春天徒有虚名
严寒之际、梅花之际、余寒之际

【节　分】

杂节之一。原指季节交替之时。各为立春、立夏、立秋、立冬前一日，现在只留下立春的前日。说到节分习俗，当数撒豆驱邪。沙丁鱼、刺叶桂花、蒜锤，为此日必不可少之物。因季节交替，邪气会相随而至，为除邪气，沙丁鱼的腥臭味，刺叶桂花的锯齿形叶瓣，可辟邪护身，而蒜锤敲打声，更可驱走邪祟。为招福纳祥，现今流行食用惠方卷。

【初　午】

二月第一个午日，即为“初午”。传说很久以前，初午之日，天神曾降临京都伏见稻荷神社，此后，各地的稻荷神社也开始举办祭祀活动。说起稻荷，让人想到狐狸，狐狸正是稻荷五谷神的使者，尤其喜欢油炸豆腐，因而此日多供奉油豆腐寿司。

惠方卷

色彩斑斓的食材组合，一见之下，赏心悦目。口味的搭配，口感的差异，更多滋多味。

材料（3根）

米……两碗（360ml）

寿司醋（购买或参照P.128）……80 ml

葫芦干……10g

A
- 水……1杯
- 甜料酒……两大勺
- 酱油、糖……各一大勺半

鸡蛋……3个

B
- 糖、甜料酒、酒……各一小勺
- 盐……1/4小勺

烤鳗鱼……竖切半尾

黄瓜……竖切半根

胡萝卜……竖切半根

烤紫菜……3张

盐　植物油　酒

做法

1　米淘好，在笊篱上放30分钟，搁进电饭锅。水少些，烧出的饭粒才硬。正常煮饭。

2　煮葫芦干。葫芦干洗过，撒盐少许，冲后，把水挤干。水煮3~5分钟，放入笊篱。余热去后，挤出水分，加入A项，用中火烧。煮开后，撇沫，煮至水干。

3　烤厚鸡蛋卷。盆中打好鸡蛋，加入B项混合。锅中少倒些油，用厨房纸巾抹匀。倒入1/5蛋液，大火烧，半熟时，从自身一边卷起。如此重复，用完所有蛋液。做好后取出，切成6根棒状。

4　鳗鱼放在耐热盘中，洒些酒，轻轻盖上保鲜膜，微波炉加热30秒。余热去后，取出，切成3根棒状。

5　胡萝卜去皮，切成1cm方形。水中加盐，焯4分钟，放入笊篱，晾凉。黄瓜撒盐，腌5分钟。挤出水分，切成3根棒状。

6　饭烧好后，取出饭锅，趁热加寿司醋，用饭勺充分搅散打松。用扇子扇至适合食用的温度。（寿司）卷帘上，放一张紫菜，再放上1/3的寿司米。紫菜最上面1~2cm地方空出不放米，手蘸些水，把寿司米均一展开。寿司米中间放上各1/3的食材（①）。

7　用卷帘一气卷好（②、③）。卷帘靠近自身一侧的部分，恰巧盖上寿司米最后的部分为最佳。两手握紧，整理好形状，卷帘保持包裹状态，搁置2分钟（④）。其余同此步骤。

七种菜料方为正宗

惠方卷的菜料，以多少种为正宗，众说不一。而仿七福神，用七种菜料的做法，最为著名。尽管如此，在家里做，还是尽可能选自己喜欢的菜料，会更多一层快乐。要想好吃，可稍带甜味，或有咬头，或稍松软，讲究色彩搭配，多方考虑之下会更佳。

①

②

③

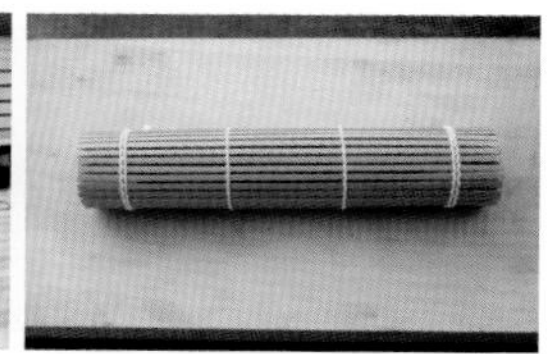

④

◉ 1根635kcal，盐分4.1g

炒黄豆

精细炒制，咬起来咯吱咯吱的脆香。配一杯清茶，大豆的香甜尽散于口。

材料（适量）
大豆 ········ 200g

做法

1 大豆过水冲洗，用两张叠起的厨房纸巾包好（①）。

2 盆中放入笊篱，1 项开口朝下放入，用热水灌下（②）。倒掉盆中热水，1 项放于笊篱上，搁置 30 分钟。

3 大豆倒入炒锅，用木饭勺反复搅拌，大火炒 8 分钟。稍有焦煳感，表皮膨胀（③），豆子噼噼啪啪作响时，捻小火，再炒 15 分钟。放于笊篱上晾凉。

Memo：晾凉后置瓶中保存。放于阴凉处，可保存 1 个月。易受潮，要尽早食用。

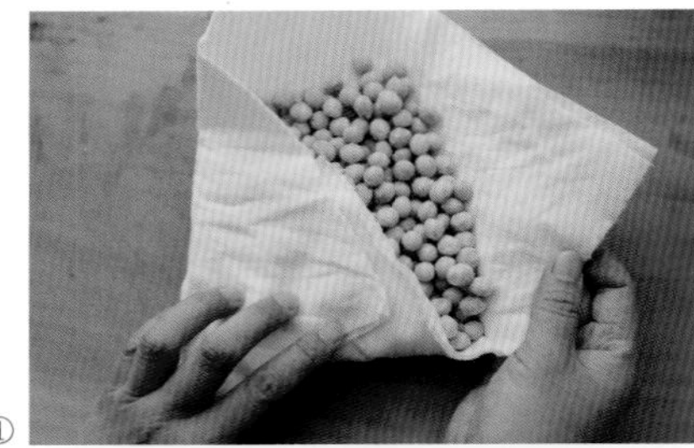
①

②

③

炒黄豆也可配茶

炒豆如有剩余，配茶喝也是不错的选择。炒豆放入杯子，倒入茶水，大豆的芳香，以及豆中微妙的甜味渗入茶水，味道使人舒心。茶，可根据个人喜好，选用绿茶、焙茶、红茶。

◉ 总热量 834kcal，盐分 0g

稻荷寿司

初午仪式上必备的一道料理。

要想美美地品尝三种口味，寿司饭一定要下工夫。

控制好油豆腐的甜味，淡雅，令你百吃不厌。

材料（12 个）

油豆腐……6 张

A
- 汤汁（参照 P.100）……一杯半
- 酱油……大勺两勺半
- 糖……两大勺
- 盐……1/3 小勺

米……两碗半（450ml）

寿司醋（可现购或参考以下做法）……4~5 大勺

白芝麻……大勺一勺半

小沙丁鱼干……一大勺

盐渍山椒……一大勺

甜料酒

做法

1　米淘好，在笊篱上放 30 分钟，搁进电饭锅。水少些，烧出的饭才硬，正常煮饭。

2　油豆腐置于菜板上，用长筷擀平（①）。再把油豆腐放于笊篱上，热水来回浇。余热消去后，用厨房纸巾包住，双手按紧，把水挤出（②）。切成两半，不要弄破，做成袋状。

3　锅里放入油豆腐及 A 项，开中火，注意要上下翻动。锅中汤汁收了些后，火捻小，待汤汁只剩一半时，加一大勺甜料酒，继续煮。直至汤汁收干，关火（③），待冷却。

4　米饭烧好后，移入盆中，加寿司醋，彻底拌匀。1/3 的寿司饭，加芝麻搅拌；1/3 的寿司饭，与小沙丁鱼干和盐渍山椒混合，搅拌（④）。

5　三种寿司饭，各四等分，做成草袋形（⑤）。沥干油豆腐上的汤汁，塞入寿司饭（⑥）。

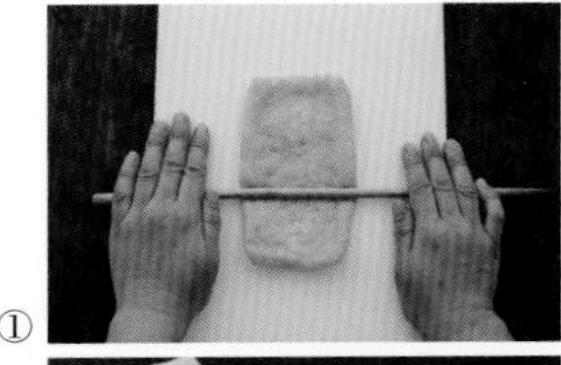
①

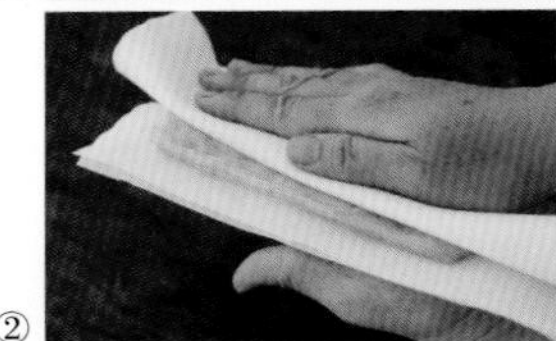
②

③

④

⑤

⑥

●寿司醋的做法

把砂糖慢慢融化，口味会更柔和，更独特。

材料（适量）

做法

密封瓶中，倒入半杯醋，四大勺砂糖，一大勺多的盐，一起混合。盖上盖，常温放置一宿。

Memo：置于冰箱，可保存 3 个月。

1 个份：◉ 原味：187kcal，盐分 1.2g；◉ 芝麻味：207kcal，盐分 1.2g；◉ 山椒、小沙丁鱼干味：194kcal，盐分 1.6g

三月

【弥生】

春意盎然，随处可见。店头摆放的蔬菜、鱼鲜，一应俱全，争相展现春季的佳美，与冬季的萧索对比，焕然一新。季节更替，食材的颜色，摇身一变，迥然不同。淡绿、嫩黄、粉红，春天明亮的色彩，令人身心愉悦。尽情地用眼、用舌，去感受每个季节独有的特色，充分地品味日本四季的优裕吧。

三月

【弥生】

草木发芽，生机勃勃，故得此名。

「弥」，「愈益」、「越发」之意；

「生」，「繁茂」之意。

1日

2日

3日 上巳节

4日

5日

6日 惊蛰

二十四节气之一。春天的气息更浓。冬眠动物开始苏醒，在暖和的大地上活动起来。

7日

8日

9日

10日

11日

12日

13日

14日

15日

16日

17日

18日

19日

20日

21日 春分

二十四节气之一。昼夜均等的春天之日，正是常说的春天的彼岸。（参照P.65）

22日

23日

24日

25日

26日

27日

28日

29日

30日

31日

春社日
（距春分最近的戊日）

20~26日　春天的彼岸（春分的前后三天。参照P.65）

月份的别名

花见月

赏花之月。

禊月

三月三日在水边举行的一种祓除不祥的仪式。

樱月

赏樱之月。

仪式

彼岸节、上巳节、毕业典礼、
汲水仪式（奈良东大寺举行的仪式）

风物、天气用语

笋、三寒四暖、樱花盛开、淡云蔽空、
天气和煦、初春刮来吹面不寒的南风、
春猫（春天猫咪发情的样子）

花

油菜花、杏、紫罗兰、蒲公英、
紫玉兰、小金盏花、樱花、瑞香、辛夷

季节的问候

春日融融暖洋洋
总算盼来了春天
小草萌发，万物复苏
早春之际、春分时节、春暖之际

【上巳节】

五大节日之一，又名“桃花节”、“女儿节”。所谓“上巳节”，按中国古训，该月的最初“巳”日，有清洗污秽的习俗。传到日本后，此习俗和贵族间流行的与人偶嬉戏相结合，形成了现在的女儿节。节日时，装点以人偶与桃花，成了固定节日。现在多为祈愿女孩健康成长的仪式。花散寿司、菱饼、糖米糕，为体现给女孩的祝福，极尽华美夺目。

【社日】

杂节之一，为参拜土地神之日。离春分、秋分最近的戊日，春为“春社”，秋为“秋社”。春天播种，祈求丰年；秋季收获，感谢神灵。依地域不同，祈愿方式各有不同，饮酒、捣年糕，各尽其能。社日，在神社举行仪式，恰与寺庙的彼岸节相重，近年来，社会认知度逐渐低迷。

花散寿司

花散寿司以形取胜，唯此，自有一番华丽。色彩绚丽，口感丰满，适合聚会。

材料（直径 16cm 无底的圆形模具，或蛋糕桶 1 个）

米 ······ 两碗（360ml）

寿司醋（可现购或参照 P.128）······ 适量

莲藕 ······ 30g

鳄梨 ······ 1 个

鸡蛋 ······ 1 个

盐渍鲑鱼子 ······ 30~40g

虾（带壳）······ 3 只

油菜花 ······ 3 朵

柠檬 ······ 半个

醋　植物油　盐

做法

1　米淘好，在笊篱上放 30 分钟后，搁进电饭锅。水少些，烧出的饭才硬，正常煮饭。

2　准备配料。莲藕去皮，泡 10 分钟。切为薄扇形，莲藕在加醋的热水中焯一下，放入笊篱，用半勺寿司醋调拌。鸡蛋打散，锅中少倒些油，煎蛋饼，切细丝。用竹签挑去虾背上的肠线。

3　锅中水烧热，少加些盐，放入油菜花，煮至变色，放入冷水中。虾同样放入水中，煮至变色，捞起，置于笊篱上。挤去油菜花水分，切为三等份，撒盐。虾去尾，去皮，横切两半，撒盐。鳄梨竖切两半，去籽，去皮。竖切为 1cm 厚的薄片，挤上柠檬汁，撒入 1/4 小勺的盐，调拌。

4　米饭烧好后，移至饭桌，加入 80ml 寿司醋，彻底搅拌。用扇子边扇边搅拌，直至起光泽（①）。

5　模具铺上保鲜膜（②），把一半寿司饭填好。鳄梨平铺于上（③），再把剩余寿司饭盖上，压实（④）。稍稍拉起保鲜膜，用其他容器盖上，翻转扣下（⑤、⑥），取出寿司饭。揭下保鲜膜（⑦），平铺上莲藕及其他配料，按色彩，均分于上（⑧）。

①

②

③

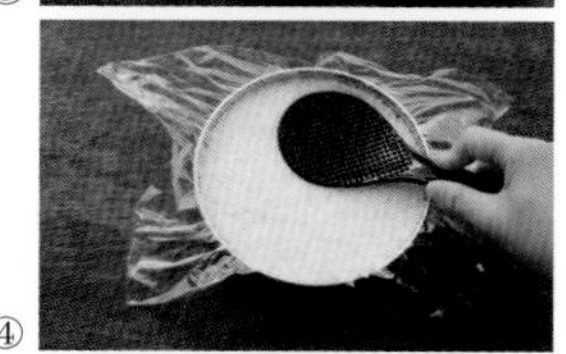
④

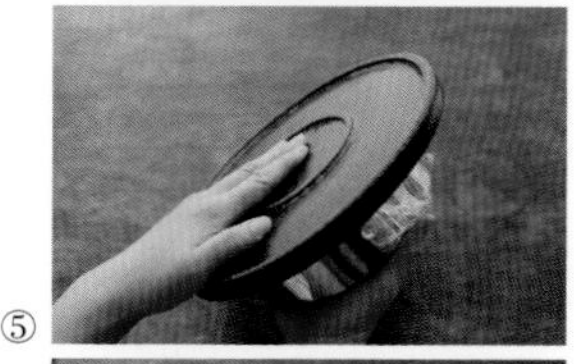
⑤

⑥

⑦

⑧

配料的含义

花散寿司的配料并无严格要求，但有着与年饭等仪式的料理共通的意义。例如：虾，腰要弯曲，象征长寿；鸡蛋，颜色橙黄，寓意金钱；鲑鱼子，多子多福；莲藕之孔洞，喻看穿一切，等等。能带来好运的配料，才是首选。

◉ 1/6 量 283kcal，盐分 1.4g

清汤蛤蜊

蛤蜊的清香，还要海带来提味。
贝类不同，对盐分的要求也不同，用盐要适量。

材料（4人份）
蛤蜊……8个
海带（10cm×7cm）……1张
淡酱油……一大勺
鸭儿芹……适量
盐　酒

做法
1　蛤蜊用与海水等咸的盐水（一杯水放一小勺盐）浸泡2~3小时，用以吐沙。放入笊篱，贝壳之间互相搓洗，沥干水分。锅中放入4杯水及海带，泡30分钟。鸭儿芹切大块。
2　1项开中火，烧开前，取出海带。烧开后，火捻小，倒两大勺酒，加入蛤蜊（①）。
3　蛤蜊口张开后，撇沫（②），边尝边加入淡酱油和一小勺盐，调味。盛入碗中，撒上鸭儿芹。

①

②

蛤蜊上榜理由

贵族流行与人偶嬉戏，而以前民间的习俗，则是三月三日在水边嬉戏。受此影响，上巳节的料理，贝类屡次登场。其中，没有比两瓣贝壳闭拢的蛤蜊更合适的，有种说法谓象征女性的贞操。

◉ 1人份20kcal，盐分1.5g

主要参考文献

《享受日本全年的仪式》(『日本を楽しむ年中行事』, Kanki 出版)

《享受十二个月的时令料理》(『歳時を楽しむお料理 12 か月』, 扶桑社)

《和历生活》(『和ごよみの暮らし』, 大泉书店)

《日本人的规矩》(『日本人のしきたり』, 青春出版社)

《日本“仪式”和“食物”的规矩》(『日本の「行事」と「食」のしきたり』, 青春出版社)

《图说有意思、有益的日本规矩》(『【図説】面白くてためになる! 日本のしきたり』, PHP 研究所)

注释

1 彼岸节：在日本民间，将春分、秋分视为彼岸节，要给祖先扫墓。（P. 2）

2 卯月：阴历四月。（P. 4）

3 柏饼：和果子的一种，为日本端午节所食甜食。（P. 4）

4 う：在日语里鳗鱼的发音为“うなぎ”。（P. 48）

5 胡枝子：又名萩。（P. 65）

6 什么时候到呢（着いたか）：日语中与“什么时候粘上呢”（ついたか）发音相同。（P. 67）

7 夜晚的船：语言游戏。黑夜中，船是否到岸不知道。（P. 67）

8 听不见杵捣的声音（搗きがない）：发音与“没有月亮”相同。（P. 67）

9 没有月亮（月がない）：发音与“听不见杵捣的声音”相同。（P. 67）

10 北窗：语言游戏。北边的窗户看不到月亮。（P. 67）

11 柚子胡椒：日本九州地区特有调味料。柚子胡椒不是胡椒，九州人叫辣椒为胡椒。用九州小青柚的青色柚皮，加上朝天椒，和在一起，加盐，剁碎，手工研磨制成。（P. 68）

12 稻草人祭：就是将化身田神的稻草人从地里挪出，移入庭院，供上食品祭祀。（P. 87）

13 种子岛：鹿儿岛南部，大隅群岛南约 40km 的海上小岛。（P. 92）

14 勤劳：此处的发音为“まめ”，与黑豆的发音相同。（P. 104）

15 锈铁钉：锈铁钉含有酸化铁，遇水易溶，与黑豆的色素（花青素）可以很好地化合。化合后，黑豆的色素会充分释放，豆子黝黑发亮。这里酸化铁起到很重要的作用，如酸化不充分，效果就不佳。如无锈铁钉，用铁锅烧煮也可。（P. 104）

16 伊达政宗（だて まさむね，1567—1636）：伊达氏第十七代家督，人称“独眼龙政宗”。其名政宗，意为能达成霸业。主要成就是扩大了伊达家版图，为江户时代仙台藩始祖。（P. 106）

17 伊达：在日语中有好面子之意。（P. 106）

18 灰雀符：菅原道真在神社（天满宫）祭神的仪式。红腹灰雀日语发音与谎言相同，均为“uso”。用谐音表示前一年碰到的祸事、灾难如同谎言流语般一哄而散，今年一切皆大吉大利。（P. 113）

图书在版编目（CIP）数据

美味岁时记 /（日）广田千悦子著；罗嘉译. — 北京：中信出版社，2016.5
ISBN 978-7-5086-5984-8

I. ①美… II. ①广… ②罗… III. ①饮食－文化－日本 IV. ①TS971

中国版本图书馆CIP数据核字(2016)第047040号

美味岁时记

文　　字：[日]广田千悦子
料　　理：[日]濑户口诗织
译　　者：罗嘉
策划推广：中信出版社（China CITIC Press）
出版发行：中信出版集团股份有限公司
（北京市朝阳区惠新东街甲4号富盛大厦2座　邮编　100029）
（CITIC Publishing Group）
承 印 者：北京汇瑞嘉合文化发展有限公司

开　　本：900mm×1000mm　1/16　　印　　张：9　　字　　数：50千字
版　　次：2016年5月第1版　　印　　次：2016年5月第1次印刷
版贸核渝字（2015）第004号
书　　号：ISBN 978–7–5086–5984–8　　广告经营许可证：京朝工商广字第8087号
定　　价：48.00元

图书策划：楚尘文化